U0157068

建筑环境与能源应用工程

王　靖◎著

吉林科学技术出版社

图书在版编目（CIP）数据

建筑环境与能源应用工程 / 王靖著. -- 长春 ：吉林科学技术出版社，2022.9
ISBN 978-7-5578-9627-0

Ⅰ．①建… Ⅱ．①王… Ⅲ．①建筑工程－环境管理
Ⅳ．①TU-023

中国版本图书馆 CIP 数据核字(2022)第 179559 号

建筑环境与能源应用工程

著	王 靖
出 版 人	宛 霞
责 任 编 辑	王凌宇
封 面 设 计	金熙腾达
制 版	金熙腾达
幅 面 尺 寸	185 mm×260mm
开 本	16
字 数	318 千字
印 张	14
版 次	2022 年 9 月第 1 版
印 次	2023 年 3 月第 1 次印刷

出 版 吉林科学技术出版社
发 行 吉林科学技术出版社
地 址 长春市净月区福祉大路 5788 号
邮 编 130118
发行部电话/传真 0431-81629529 81629530 81629531
81629532 81629533 81629534

储运部电话 0431-86059116

编辑部电话 0431-81629518

印 刷 三河市嵩川印刷有限公司

书 号 ISBN 978-7-5578-9627-0
定 价 85.00 元

前　言

　　建筑，从原来人类为自己寻找安全可靠的庇护之所到现代化建筑，发生了质的改变。人类不仅需要冬暖夏凉、方便用水用电等的建筑，还需要能在内从事先进生产、高效办公的建筑。在营造健康舒适的建筑内部环境以及满足要求的生产环境的同时，要求最少的能源消耗和产生最小的环境污染。任何以过多的能源、资源消耗以及产生严重污染为代价的建筑内部环境营造，都不符合可持续发展的目标。

　　建筑环境与能源应用工程包括：建筑环境控制、建筑节能和建筑设施智能技术领域工作，具体来讲，主要有空调、供暖、通风、建筑给水排水、燃气供应等公共设施系统，建筑热能供应系统和建筑节能的设计、施工、调试、运行管理能力以及建筑自动化系统解决方案。为了适应科技的发展，我们应及时更新完善实验项目，进一步提高综合素质和创新能力，科学规范组织实验，全面提高实验教学水平。

　　建筑环境与能源应用工程概论课程是土木工程、建筑学、建筑环境与能源应用工程、新能源科学与工程、给排水科学与工程等专业的专业课。本书主要研究建筑环境与能源应用工程，首先，从建筑环境与能源应用工程的基础入手，分析建筑环境及调控原理，对绿色建筑与节能技术进行探讨；其次，深入研究了建筑节能中的微型风力、水力发电技术与热回收技术，并对电气节能与建筑智能化也进行讨论；最后以绿色建筑与可再生能源的协同发展作为总结，希望能对我国建筑节能技术的发展提供一些思路。本书在编写过程中得到了许多专家的指导和帮助，在此表示衷心的感谢！

作者

2022 年 6 月

目 录

第一章 建筑环境与能源应用工程的基础常识

建筑环境包括热（湿）环境、光环境、声环境及空气品质等方面，而建筑能源应用的动因在于根据人类活动的各种需求调控建筑环境。那么，与人感受最密切、最重要的环境要素是什么呢？环境变化与能源转化的物质载体具有哪些普遍特性、遵循的基本规律是什么？在利用人工能源调控建筑环境过程中，最基本的"媒介"物质是什么？它们具有什么特性和有趣的现象？在建筑环境自然变化和人工调控过程中，能源转化和利用必须遵循的基本规律是什么？从日常生活中的冷热感受出发，介绍一些将伴随职业生涯和学术生涯的基本常识，开启进入建筑环境与能源应用领域浩瀚的知识海洋的大门。

第一节 建筑热环境的基本表征——温度

温度与人们的生活有着非常密切的联系。比如电视、报纸上每天所报道的天气预报，都有气温。气温是指空气的温度，是以数值的形式告诉人们大气的冷与热。如果有感冒发烧的现象，医生首先会为我们量体温。体温就是身体的温度，发烧的话体温就会上升。实际上，体温高了是在提醒人们身体机能出现了问题。

一、温度的度量

人对环境冷热程度的感受是与生俱来的，早在现代文明产生之前就已经具备了这方面的能力。但是要把冷热程度的高低定量化，人类却经历了漫长的过程。

在刀耕火种的原始社会，在日出而作、日落而息的农业社会，根本没有对冷热度量的社会需求。在西欧兴起的启蒙运动开始挑战基督教教会的思想体系，使科学意识渗入到社会的各个层面；特别是可提供热动力的蒸汽机技术的广泛应用，新兴产业对提高其性能的迫切需求，刺激了对冷热度量等基础科学问题的研究，成为工业革命之滥觞，造就了一批至今仍然闪耀的科学泰斗。

（一）温度测量原理

绝大多数物质都具有热胀冷缩的特点，最早的温度测量仪器就是根据这一原理设计制作的。

伽利略制作的世界上第一支温度计——空气温度计，就是根据空气的热胀冷缩原理创造发明的。它是一个细长颈的球形瓶倒插在装有红色葡萄酒的容器中，从其中抽出一部分空气，酒面就上升到细颈内。当外界温度改变时，细颈内的酒面因玻璃泡内的空气热胀冷缩而随之升降，致使细管中的红色液面清晰可见，就可直观显示温度的高低。

这种温度计的缺点在于无法迅速地反映出温度的变化，且温度和气压都会发生改变，测量所得数值也不太准确。但作为历史上第一套测量温度的工具，伽利略所发明的空气温度计在当时备受瞩目。后来人们改用性能更加稳定的水银、水、酒精等作为介质，至今都还有应用。

（二）温标

根据热胀冷缩原理，我们可以在某种可视的元件上直观地看出冷热程度的高低，但是，如何在该元件上标出刻度数字，这就是所谓的温度"标尺"。温标就是按照一定标准划分的温度标志，就像测量物体的长度要用长度标尺一样，它是一种人为的规定，或者叫作一种单位制。为了让不同的人群都能对温度高低标度更容易理解，最初选择了最常见物质——水的特殊状态点（如冰点、沸点）作为刻度的依据，对温度的高低进行标度。

1. 华氏温标

华氏温标把纯水的冰点温度定为32°F，把标准大气压下水的沸点温度定为212°F，中间分为180等份，每一等份代表1度，这就是华氏温标，用符号°F表示。

2. 摄氏温标

摄氏温标以水沸点（标准大气压下水和水蒸气之间的平衡温度）为100℃和冰点（标准大气压下冰和水之间的平衡温度）为0℃作为温标的两个固定点。摄氏温标采用玻璃温度计作为内插仪器，假定温度和汞柱的高度成正比，即把水沸点与冰点之间的汞柱的高度差等分为100格，每1格对应于1度。国际上华氏温标（°F）和摄氏温标（℃）都有使用，科技领域以摄氏温标使用居多。

3. 测温仪器

测温仪器是用来检测物体温度高低的手段，在医疗卫生、工业生产、科学研究中应用非常广泛。日常生活中使用最广泛的是水银温度计和酒精温度计。两种温度计都是由玻璃制成，下端有一个小球体，上面连接着一根细长的玻璃管。在玻璃中间的空心部分灌有水银或是酒精。水银和酒精都具有热胀冷缩的性质，人们正是利用它们的这种性质，将其灌入玻璃管后密封起来，在玻璃管上适当的部位标上刻度，最终得以制作出沿用至今的水银温度计和酒精温度计。

测温仪器随着科学技术的发展，种类在不断推陈出新，进而推动科技进步。有人尝试利用金属棒受热膨胀的原理，制造温度计，到 18 世纪末，出现了双金属温度计；气体温度计也随之得到改进和发展，其精确度和测温范围都超过了水银温度计。从 20 世纪 60 年代开始，由于红外技术和电子技术的发展，出现了利用各种新型光敏或热敏检测元件的辐射温度计（包括红外辐射温度计），从而扩大了它的应用领域。可见，温度计的演变也从侧面反映了专业科技的发展进步。这些知识将在后续建筑环境与能源测量等专业课程中详细介绍。

二、温度的极限与绝对温度

在地球表面不同位置温度差异很大，赤道炎热，两极最冷；在自然界中，春夏秋冬四季交替，温度各季不同。我国北方的冬天"千里冰封、万里雪飘"，但即使最北的漠河冬季最低也只有零下 55℃；地球上最冷的南极、北极，其最低温度为零下 89℃，虽然这样的低温我们没有亲身体验过，但却是地球上实际存在的温度。那么，物体的温度究竟最低能达到多少℃呢？这个问题看似天真，但科学地回答这个问题，却使热科学发展具有划时代的意义。

科学家在对气体进行冷却的时候发现，如果温度降低，气体的体积也会不断地缩小。这种现象与气体的种类无关。非常有趣的是，如果把所有气体的温度与体积的变化曲线负向延长，那么，所有曲线一定会跟温度轴在同一个交点上相会，这个交点恰恰是零下273.15℃。理论上这就意味着，只要大气压强不变，所有气体都会在零下 273.15℃的时候体积变为 0，即气体的消失，这显然是违背物质不灭定律的，尽管气体实际上不可能达到绝对 0℃。因为在达到绝对 0℃之前，肯定都转化成了液体或固体。

那么，物质温度存不存在上限呢？上限的存在，就目前的研究也没有发现温度有上限。如太阳表面温度可达 6 000K，地球中心温度可达 10 000K，太阳内部可达千万 K，而中子星内部可达 1 亿 K 以上。

科学研究进一步表明，物质的温度没有上限，但最低只能降到零下273.15℃，这是物质温度不可逾越的最低极限。热力学温标，此温度作为温标的起点，称为绝对零度，单位为开尔文。

三、温度的定义

现代分子动力学的发展对物体温度的本质有了更科学的阐释。任何（宏观）物理系统的温度都是组成该系统的分子和原子的运动的结果。这些粒子有一个不同速度的范围，而任何单个粒子的速度都因与其他粒子的碰撞而不断变化。然而，对于大量粒子来说，处于一个特定的速度范围的粒子所占的比例却几乎不变。粒子动能越高，物质温度就越高。理论上，若粒子动能低到量子力学的最低点时，物质即达到绝对零度，不能再低。

可见，温度是大量分子热运动的集体表现，是以数值的方式衡量物体冷热程度的物理量。从分子运动论观点看，温度是物体分子运动平均动能的标志，是物体分子热运动的剧烈程度的表征。温度只能通过物体随温度变化的某些特性来间接测量。

第二节　能源的常见形式——热

一、什么是热

人类自从发现了火，便开始了对热的利用。人类用热的历史与人类自身的历史一样漫长。热是生命的源泉，和感觉、活动、思想一样，是所有生命力的源头。的确如此，地球上的所有生命体几乎都依赖太阳的热而生存，植物凭借太阳而生长，动物靠吃植物或捕食那些以植物为生的动物而得以生存。

科学家们最初认为，热是一种我们肉眼无法看见的微粒在活动，称作热素（卡路里）。热素可以从一定程度上解释热的性质，如热从高温传向低温，相当于从热素多的地方传到了热素少的地方。但随着物体的温度上升，意味着热素的增加，但物体的重量并没有增加，因此有许多人并不相信存在热素这种特别的物质。于是通过实验设计了一个下落的砝码带动扇叶旋转搅拌烧杯中的水，而烧杯用绝热材料包裹起来，避免热量的散失。通过实验发现，随着扇叶的旋转，水温会略微上升。经过反复多次的实验，焦耳终于测出来了砝码下落做功与水温上升的定量关系，即发现了功可以转化为热及其规律。

焦耳实验对认识热的内涵起到了非常重要的作用。人们知道了热所代表的并非移动的热素，而是一种运动的能量。如，当反复敲击金属或摩擦时，温度会升高，物质内部的分子原子运动加快。因此，实际上热就是物质分子原子活跃程度变化过程中能量输入或输出的一种表现。热总是从高温物质（部分）向低温物质（部分）转移，高温物质的分子原子运动速度降低，表现出失去热能，而低温物体的分子原子的运动速度加快，表现出获得热能。科学家进一步发现，物质获得的热量大小与该物体的质量成正比；温升越大，获得的热量越多；也与该物体的吸热能力（比热容）有关。弄清这些道理，对理解专业中大量水、空气流动的能量转换本质很有帮助。

二、物体的热特性：比热容

不同酒杯的容积大小不同，主要是因为酒杯的直径和高度等几何结构不一样；当向不同酒杯掺入相同液体时，液位上升高度差异是非常大的，这些在日常生活中很常见。其实，在热科学中，当向不同物质转移相同的热量时，其温度上升差异也非常大，小则差1~2倍，多则10倍，甚至百千倍，那是因为不同物质的分子、原子结构差异很大。为了客观评价不同物质的热特性，科学家定义了比热容量。

比热容又称比热容量，简称比热，是指单位质量的某种物质当温度升高1℃所需要吸收的热能，用符号 c 表示，国际单位为 J/（kg·K）或 J/（kg·℃），J 是指焦耳，K 是指热力学温标，与摄氏度℃相等。根据以上定义，某物体在特定热过程中吸收或放出的热量可由下式计算

$$Q = cm\Delta T \qquad\qquad （式1-1）$$

式中 Q ——吸收或放出的热量。

c ——定压比热容。

m ——物体的质量。

ΔT ——吸热（放热）后温度所上升（下降）值。

这个公式虽高中物理就学过，但在专业中会广泛地应用，举一反三很重要。根据公式，对同样质量的两个物体提供同样热量时

$$Q = c_1 m\Delta T_1 = c_2 m\Delta T_2 \qquad\qquad （式1-2）$$

$$\frac{\Delta T_1}{\Delta T_2} = \frac{c_2}{c_1} \qquad\qquad （式1-3）$$

物体的温升与其比热成反比，物体的比热越小，其温度变化则越大。

同一物质的比热一般不随质量、形状的变化而变化。如一杯水与一桶水，它们的比热相同。

对同一物质，比热值与物态有关，同一物质在同一状态下的比热是一定的，但在不同的状态时，比热是不相同的。例如水的比热与冰的比热不同。容易吸收热量意味着分子的运动特别活跃，因此温度也上升得快。

在常见物质中，水的比热最大，它约是水蒸气、冰的 2 倍，空气的 4.2 倍，铝的 4.6 倍，沙与砖的 5.5 倍，钢铁的 8 倍，铜的 11 倍，铀与金的 35 倍。停在太阳下的汽车外壳为什么发烫？为什么城市水泥道路很热，草坪温度较低，而越靠近水边越凉爽？那是因为水的比热与别的物质相比相对大一些，因此水的温度不易发生变化，而沙的比热容小，则温度变化剧烈。水与沙的比热差异就可很好地解释这一物理现象。知道了水的这一独特性质，就可以科学地解释很多日常观察到的热现象，并且对今后学习理解专业技术知识有很大的帮助。

三、热是如何传递的

如前对热的本质的阐述，我们知道了在热传递过程中，物质并未发生迁移，只是高温物体放出热量，温度降低，内能减少（确切地说，是物体内部的分子做无规则运动的平均动能减小）；低温物体吸收热量，温度升高，内能增加。因此，热传递的实质就是能量从高温物体向低温物体转移的过程，这是能量转移的一种方式。热传递转移的是能量，而不是温度。物质的种类很多，那么热量传递的方式有哪些呢？

热的传递方式有三种，分别是传导、对流和辐射。但在实际生活中所发生的热传递，并非只局限于其中某一种，大多数情况下，都是三种方式结合出现的。

（一）传导

热传导是热通过物体之间的直接接触而进行的传递。两种物体本来在温度上有一定的差别，通过接触在一起而形成了热（热量）的转移，这种方式叫作热传导。

热传导是介质（气体、液体、固体或者混合物）内无宏观运动时的传热现象，其在固体、液体和气体中均可发生。但严格而言，只有在固体中才是纯粹的热传导，而流体即使处于静止状态，其中也会由于温度梯度所造成的密度差而产生自然对流，故在流体中对流与热传导同时发生。综上，热传导主要发生在固体内部，两个不同固体之间，固液之间、固气之间、液气之间，它们之间在热传递时，我们看不到有宏观运动出现。

每种物质传递热的能力是不同的。物质传递热的能力用热传导率表征。表 1-1 是部分常用建筑材料的热传导率。

表 1-1 常用材料的密度和热传导率表

类别	材料名称	密度(kg/m³)	热传导率[W/(m·K)]
常见材料	水(4℃)	1 000	0.58
	冰	800	2.22
	空气(20℃)	1.29	0.023
	建筑钢	7 850	58.2
	不锈钢	7 900	17
	陶瓷	2 700	1.5
外墙	外墙钢筋混凝土	2 500	1.74
	加气混凝土	700	0.22
	水泥砂浆	1 800	0.93
	保温砂浆	800	0.29
绝热材料	矿棉、岩棉	70 以下	0.50
	水泥膨胀蛭石	350	0.14
	聚苯乙烯泡沫塑料	30	0.042
建筑板材	胶合板	600	0.17
	石膏板	1 050	0.33
	硬质 PVC 板	1 400	0.16
玻璃	平板玻璃	2 500	0.76
	玻璃钢	1 800	0.52
	有机玻璃 PMMA	1180	0.18
集料	粉煤灰	1 000	0.23
	浮石、凝灰岩	600	0.23
	膨胀蛭石	200	0.10
	膨胀珍珠岩	80	0.058
其他	橡木、枫树	700	0.17
	松木、云杉	500	0.14
	夯实黏土	2 000	0.16
	建筑用砂	1 600	0.58
	大理石	2 800	0.91
	防水卷材	600	0.17

由表 1-1 可知,金属比木头、塑料的传热更快,相对来说热传导率也非常高。人们通

常把跟金属一样、热传导率高的物体叫作热的良导体。大部分金属传热的性能都很突出，基本都属于良导体。相反，把热传导率较低的物体叫作热的绝缘体或热的不良导体。熨斗和水壶的把柄用塑料来制作，正是因为塑料本身的传热性能不强，所以算是一种隔热材料。

（二）对流

对流是物体之间以流体（流体是液体和气体的总称）为介质，利用流体的热胀冷缩和可以流动的特性传递热能。热对流是靠液体或气体的流动，使内能从温度较高部分传至较低部分的过程。对流是液体或气体热传递的主要方式，气体的对流比液体明显。对流可分自然对流和强迫对流两种。自然对流往往自然发生，是由于温度不均匀而引起的。强迫对流是由于外界的影响对流体扰动而形成的。

其实所有流体都会产生对流。因为流体一旦温度升高，体积就会膨胀，密度会变小，继而会形成向上流动的态势，而温度降低的话，则会形成下降的态势。风其实是大气对流而产生的现象。因为各个地区地面情况不同，吸收太阳热量的能力也相应地有所区别，因此，每个地区空气的温度也是不同的。正是由于这一点，才出现了大气的对流现象，这就是我们所说的"风"。

（三）辐射

物体因自身的温度而具有向外发射能量的本领，这种热传递的方式叫作热辐射。作为传递热量的方式，辐射不需要任何媒介，正因如此，太阳光才能透过无垠的宇宙直接传递到地球上来。

所有物质只要不处于绝对零度的状态，都会发射辐射能量。一切可以依靠辐射来传递的能量，都叫作辐射能量。辐射能量以电磁波的形式存在。物体温度较低时，主要以不可见的红外光进行辐射（长波），在500℃以至更高的温度时，则顺次发射可见光以至紫外辐射。太阳能热水器、太阳灶、微波炉等都是利用热辐射来工作的。

四、温度与热运动

焦耳实验是1850年焦耳首先发明的测定热功当量的实验。盛在绝热容器内的水，由于砝码的下落带动桨叶旋转，而使水温升高。如果砝码下落所做的功为ΔW，使容器中质量为m的水升高温度为ΔT，那么与ΔW可相当的热量ΔQ应为$\Delta Q = cm\Delta T$（式中，c是水的比热）。根据实验测得的 ΔT 可将 ΔQ 计算出来，ΔW 可以根据砝码的质量和下落的距离算出。这就是测热功当量的焦耳实验。焦耳实验证明了热的本质及热与功的转化规律，在建筑能源输配系统中都必须遵循这个规律。可见，热是一种运动的能量，构成物质的分子或原子并无规律，温度越高，它们的运动则更为活跃。原子和分子的这种与热有关的运动叫作热运动。热运动是构成物质的大量分子、原子等所进行的不规则运动。热运动越剧烈，物体的温度越高。

温度是用量的形式表现出构成物质的原子或分子热运动的程度。如果温度高的话，则热运动很活跃，如果温度低，则热运动很缓慢。

当两个物体彼此接触，达到热能够传递的程度时，此时的状态叫作热接触状态。此时，热移动是单纯地从温度高的地方向温度低的地方移动。

第三节　载体的变化

一、环境与能源转化载体：物质与物态变化

人生活在现实世界中，总是通过某种物质载体感受环境的优劣；人们要调控环境，就得利用能源，而能源的输送与转化也必须借助物质的状态变化，因此了解有关常识是很有必要的。

（一）物质的种类

分子不停地做无规则运动，它们之间又存在相互作用力。分子力的作用使分子聚集在一起，分子的无规则运动又使它们分散开来。这两种作用相反的因素决定了分子的三种不同的聚集状态——固态、液态和气态。在常温常压下人们能够看到的都是固体或液体物质，如金、银、玻璃、石材、水、油，气体物质如氧气、二氧化碳是看不到的。

1. 固体

固体是物质存在的一种状态。与液体和气体相比固体有比较固定的体积和形状，质地比较坚硬。一般来说，一个物体要达到一定的大小才能被称为固体，但对这个大小没有明确的规定。一般来说固体是宏观物体，除一些特殊的低温物理学的现象如超导现象、超液现象外，固体作为一个整体不显示量子力学的现象。

固体可以分成晶体和非晶体两类。在常见的固态物质中，石英、云母、明矾、食盐、硫酸铜、糖、味精等都是晶体，玻璃、蜂蜡、松香、沥青、橡胶等都是非晶体。晶体都具有规则的几何形状，且有一定的熔点；而非晶体则没有规则的几何形状和一定的熔点。

2. 液体

液体没有确定的形状，往往受容器影响。液体具有一定体积，液体的体积在压力及温度不变的环境下，是固定不变的。液体很难被压缩成为更小体积的物质。

装有水、酒精等液体的杯子放置很久之后，杯子中的液体会减少。这种液体在空气中渐渐减少消失的现象叫作挥发。液体向空气中蒸发的快慢根据液体的不同，会有很大差异。

3. 气体

气体是指无形状、可变形可流动的流体。与液体不同的是气体可以被压缩。假如没有限制（容器或力场）的话，气体可以扩散，其体积不受限制。气态物质的原子或分子相互之间可以自由运动。气态物质的原子或分子的动能比较高，气体形态可通过其体积、温度和其压强所影响。

气体有实际气体和理想气体之分。理想气体被假设为气体分子之间没有相互作用力，气体分子自身没有体积，当实际气体压力不大，分子之间的平均距离很大，气体分子本身的体积可以忽略不计，分子的平均动能较大，分子之间的吸引力相比之下可以忽略不计。实际气体的行为十分接近理想气体的行为，一般可当作理想气体来处理。

第一，世界上最轻的气体：氢。

第二，世界上最重的气体：氯。这是从镭盐中释放出来的气体。这种气体比氢气重111.5倍，即 $1m^3$ 重 10kg。

第三，在水中溶解度最大的气体：氨。许多气体都能够溶解在水中。但各种气体在水里的溶解度是不同的。通常情况下，1 体积的水能够溶解 1 体积的二氧化碳。氨是溶解度最大的气体。它是一种有刺激性气味的气体，在 1 个大气压和 20℃时，1 体积水约能溶解 700 体积氨气。氨气的水溶液称为氨水，常用来做制冷剂。

（二）物态变化

从表观上看，任何物质都有固相、液相、气相三种形态；从专业角度看，任何物质的状态都可用温度、压力、密度等参数来描述。状态参数不同，物质的形态可能不同。如常压下的同一物质 H_2O ，当温度在 0℃ 以下，以固态冰的形式存在；当温度在 0～100℃ 之间，则以液态水的形式存在；当温度大于100℃时，则成为水蒸气；而当温度为0℃时，则为冰水混合物，100℃则为汽水混合物。只要物质被加热或冷却，物态就要发生改变；当达到一定程度时，物相出现由量变到质变的转折。

1. 固体和液体之间

将冰慢慢加热，冰会融化成水，这时测量冰水的温度为0℃。不仅是冰，如果温度持续升高，金属也会变成液体。将固体加热的话，构成固体的粒子的动能增加，当达到一定温度后，即成为流动性的液体。针对以上现象，物体由固态变为液态的过程叫熔化。晶体熔化时的温度叫熔点，并且不同晶体的熔点不同。

一般来说，水在一个标准大气压下，在0℃的状态下会生成冰。同样，如果让液体不断冷却，分子的运动变缓，最终，分子会受彼此间引力的作用融合在一起。此时分子以一定位置为中心振动从而形成固体。物质从液态变为固态的过程叫作凝固。物体从液体凝固为晶体时的温度叫作凝固点，同一种物质的凝固点和熔点相同。

2. 气体和液体之间

将装有水的容器放置一段时间之后，会发现水变少了。这是因为在液体表面发生了液体变为气体的现象。在液体表面进行的气化现象叫蒸发（也称为挥发）。

将装有水的容器加热后，蒸发现象慢慢加快，随后水的内部会发生气化现象。在加热过程中，容器底部会产生气泡，当水全部达到100℃时，气泡升至水面，飞散到空气中变成水蒸气，这就是沸腾。沸腾是指液体受热超过其饱和温度时，在液体内部和表面同时发生剧烈汽化的现象。液体沸腾的温度叫沸点。不同液体的沸点不同。气体压强增大，液体沸点升高；气体压强减小，液体沸点降低。气体变为液体的现象叫作凝结。凝结和蒸发是两个互逆的过程。当气体分子返回到液体分子中时，也会产生凝结现象。无规则运动的气体分子和液体表面发生碰撞的同时，会释放出运动能量，因为液体分子会对气体分子产生一种引力，将气体分子"拉入"液体中。

3. 气体和固体之间

冬天放在室外冰冻的衣服会变干，放在衣柜里的樟脑丸会变小甚至消失，这些现象叫升华。物质从固态直接变为气态的现象叫升华。

物质从气态直接变为固态的现象叫凝华。生活中最常见的凝华现象就是寒冷冬天玻璃窗内表面出现的冰花。

（三）状态变化的规律

1. 热量转移规律

物质状态变化可感知的是温度的变化，但本质是能量的转移。其中固体熔化或升华，液体汽化，是因为吸收了热量；而液体凝固，气体凝华或液化是因为热量的放出。

物质发生相变的状态变化时，其物相变化的转折点温度（熔点、凝固点、沸点、凝结点）一般是特定的，并且伴随着热量的吸收或放出。每千克物质相变过程中吸收或放出的热量称为相变热，一般是常量。当物相不变仅发生温度变化时，其获得或失去的热量可以按式计算。这样，若以某种物质作为环控的能源载体，当其状态温度从 T_1 变化到 T_2 时，可根据其是否存在相变，精确计算出获得或释放热量的大小，进而设计能源系统。

2. 体积与密度变化规律

作为环境与能源载体的物质，当物态变化后，体积和密度可能发生变化，这将对其输配系统产生重要影响，因此，必须了解其变化规律。物质不发生相变的状态变化时，物质的形状、体积和密度也会改变。对于固体、液体物质，体积和密度变化都较小，工程上可做不变的近似处理。

但对于气体，则可近似当成理想气体，并满足理想气体状态方程。理想气体状态方程（也称理想气体定律、克拉贝龙方程）是描述理想气体在处于平衡态时，压强、体积、物质的量、温度间关系的状态方程。

对于理想气体，其状态参量压强 p 外体积 V 和绝对温度 T 之间的函数关系为：

$$pV = (mRT/M) = nRT \qquad (式 1-4)$$

式中 M ——理想气体的摩尔质量。

R ——气体常量。

P ——气体压强，Pa。

V ——气体体积，m^3。

n ——气体的物质的量，mol。

T ——体系温度，K。

对于混合理想气体，其压强 p 是各组成部分的分压强 p_1，p_2……之和，故 $pV = (p_1 + p_2 + \cdots\cdots) V = (n_1 + n_2 + \cdots\cdots) RT$，式中 n_1，n_2……是各组成部分的物质的量。

综上，物质状态变化过程的能量转移是可以精确计算的，并通常伴随着温度、压力或体积的变化。进一步强化这些高中理化基本知识，对学好传热学、热质交换、暖通空调、冷热源等专业课程可起到如虎添翼的功效。

二、专业基本物质载体：水与大气

水与大气是自然界中最常见的两种物质，也是建筑环境与能源应用工程最重要的两种物质载体。了解并运用好它们的基本性质，将贯穿专业学习的全过程。

（一）水的性质

1. 水的物理性质

水是由氢、氧两种元素组成的无机物，在常温常压下为无色无味的透明液体。水，包括天然水（河流、湖泊、大气水、海水、地下水等），人工制水（通过化学反应使氢氧原子结合得到水）。水是地球上最常见的物质之一，是包括人类在内所有生命生存的重要资源，也是生物体最重要的组成部分。水在生命演化中起到了重要作用。它是一种可再生资源。

水在海拔为 0m，气压为一个标准大气压时的沸点为 100℃，凝固点为 0℃。水在 4℃时达到最大相对密度 1 000kg/m³。

因为冰的密度比水小，当温度降低，河水结冰后冰层浮在水面，形成一层保温层，所以河水总是从上往下结冰。

2. 水的反常膨胀

一般物质由于温度影响，其体积为热胀冷缩。但也有少数热缩冷胀的物质，如水、锑、铋、液态铁等，在某种条件下恰好与上面的情况相反。实验证明，对 0℃ 的水加热到 4℃时，其体积不但不增大，反而缩小。当水的温度高于 4℃时，它的体积才会随着温度的升高而膨胀。因此，水在 4℃时的体积最小，密度最大。湖泊里水的表面，当冬季气温下降，若水温在 4℃以上时，上层的水冷却，体积缩小，密度变大，于是下沉到底部，而下层的暖水就升到上层来。这样，上层的冷水与下层的暖水不断地交换位置，整个的水温逐渐降低。这种热的对流现象只能进行到所有水的温度都达到 4℃时为止。当水温降到 4℃以下时，上层的水反而膨胀，密度减小，于是冷水层停留在上面继续冷却，一直到温度下降到 0℃时，上面的冷水层结成了冰为止。以上阶段热的交换主要形式是对流。当冰封水面之后，水的冷却就完全依靠水的热传导方式来进行。由于水的导热性能很差，因此湖底的水温仍保持在 4℃左右。这种水的反常膨胀特性，保证了水中的动植物能在寒冷季节内生存下来。

3. 水的比热容特性应用

水的比热最大，本专业可以充分利用这一特性，改善城市或小区热环境，提高能源应用效率。

（1）调节气候

地球表面有75%被水覆盖，水的比热容较大，因此地球表面及大气圈的温度变化相对于其他星球要小得多。水的这个特征对沿海和内陆地区气候影响很大，白天沿海地区比内陆地区温升慢，夜晚沿海温度降低少，为此一天中沿海地区温度变化小，内陆温度变化大，一年之中夏季内陆比沿海炎热，冬季内陆比沿海寒冷。同理，在小区中适度规划人工湖或水景，也可改善小区微环境。

（2）缓解热岛效应

城市及周边的水体面积的增加，也可调节城市的微气候，缓解热岛效应。专家测算，一个中型城市环城绿化带树苗长成浓荫后，绿化带常年涵养水源相当于一座容积为$1.14\times10^7 m^3$的中型水库。成都市在绕城环线建设1 000m宽的湿地公园和"绿腰带"，旨在改善城市热环境，减缓热岛效应。据新华社消息，三峡水库蓄水后，这个世界上最大的人工湖将成为一个天然"空调"，使山城重庆的气候冬暖夏凉。据估计，夏天气温可能会因此下降5℃，冬天气温可能会上升3~4℃。

（3）设备冷却

在生产领域，人们很早就开始用水来冷却发热的机器设备，如电脑CPU散热，可以用水代替空气作为散热介质，水的比热容远远大于空气，通过水泵将内能增加的水带走，组成水冷系统。这样CPU产生的热量传输到水中后，水的温度不会明显上升，散热性能优于上述直接利用空气和风扇的系统。制冷系统的压缩机、大型风机、汽车的发动机、发电厂的发电机等冷却系统都用水作为冷却液，也是利用了水的比热容大这一特性。

（4）用作冷热媒

质量相同的水与其他物质相比，降低或升高相同的温度时，水放出或吸收的热量多，所以炎热地区的空调系统的冷冻和冷却，寒冷地区的供暖，一般用水作为冷热媒。

4. 水的蒸发

水的蒸发是因为水受热以后分子变得活跃而产生的。水要蒸发，就需要来自外部的一定能量。人们在发烧时，用湿毛巾反复擦拭额头和面部，物理降温效果显著。

利用水的蒸发特性研究的冷却塔，在本专业领域有广泛的应用。冷却塔是利用空气同水的接触来冷却水的设备，空气靠顶部风机的动力从下侧进风窗进入，需要冷却的水通过上部布水管，均布到填料层中，最大限度地与空气接触蒸发，热量被空气带走，被冷却的水在下部汇集后再回到系统中循环使用。

利用水的蒸发特性还开发出了一种环保、高效、经济的蒸发冷却空调技术。与湿毛巾退烧的原理相似，若将风机吹出的空气与喷嘴喷出的水雾相遇，水蒸发使空气降温，这就是冷风机的原理。由于冷风机简便、节能、局部降温效果显著，上海世博会期间为长时间排队等候入场的观众缓解炎热难耐感受立下了汗马功劳。

5. 水蒸气的凝结

1g 水蒸气凝结时会放出 2 500J 的热量。在建筑环境与能源应用领域有大量利用，如蒸汽供暖、余热回收等。其中，蒸汽供暖是指以蒸汽为热媒的供暖系统，凝结放热后凝结成水，凝结水经过疏水器后或集中排放或回收。

6. 水的凝固——冰的融化

平均每克冰在融化时会吸收 334J 的热量，这也就是为什么冰雪融化的时候最冷。在空调系统中，冰蓄冷是利用夜间电网多余的谷荷电力继续运转制冷机制冷，并以冰的形式储存起来，在白天用电高峰时将冰融化提供空调服务，减少电网高峰时段空调用电负荷及空调系统装机容量，从而避免空调争用白天的高峰电力。

（二）大气的性质

空气是指构成地球周围大气的气体。无色、无味，主要成分是氮气和氧气，还有极少量的氢、氦、氖、氩、氪、氙等稀有气体和水蒸气、二氧化碳和尘埃等。

在 $0℃$ 及一个标准大气压下（$1.013×10^5Pa$），空气密度为 $1.293g/L$。空气并非没有重量。一桶空气的重量大约相当于一本书中两页纸的重量。大气层中的空气始终给我们以压力，这种压力被称为大气压，人体每平方厘米上大约要承受一千克的重量。因为我们体内也有空气，这种压力体内外相等，所以，大气的压力才不会将我们压垮。

空气包裹在地球的外面，厚度达到数千千米。这一层厚厚的空气被称为大气层。大气层分为几个不同的层，这几个气层其实是相互融合在一起的。人类生活在最下面的一层（即对流层）中。在同温层，空气要稀薄得多，这里有一种叫作"臭氧"（氧气的一种）的气体，它可以吸收太阳光中有害的紫外线。同温层的上面是电离层，这里有一层被称为离子的带电微粒。电离层的作用非常重要，它可以将无线电波反射到世界各地。若不考虑水蒸气、二氧化碳和各种碳氢化合物，则地面至 100km 高度的空气平均组成保持恒定值。在 25km 高空臭氧的含量有所增加。在更高的高空，空气的组成随高度而变，且明显地同每天的时间及太阳活动有关。

第四节　能源转化与应用的基本定律

一、能量转化与守恒定律

我们生活的这个世界存在形形色色的能源，诸如机械能、位能、化学能等。在物质内部也存在着各种形态的能量，这些能量统称为"内能"。如前所述，物态变化的动因是能量转移的结果，意味着物质内能的增减。能量转换与守恒定律的通俗表达形式为：能量既不会凭空产生，也不会凭空消失，它只会从一种形式转化为另一种形式，或者从一个物体转移到其他物体，而能量的总量保持不变。

从热力学角度能量守恒定律可以表述为，一个系统的总能量的改变只能等于传入或者传出该系统的能量的多少。总能量为系统的机械能、热能及除热能以外的任何内能形式的总和。如果一个系统处于孤立环境，即不可能有能量或质量传入或传出系统。对于此情形，能量守恒定律表述为："孤立系统的总能量保持不变。"能量守恒和转换定律也通常称为热力学第一定律。

对于封闭系统，热力学第一定律可表达为

$$Q = \Delta U + W \qquad\qquad (式1-5)$$

$$或\ \delta Q = \mathrm{d}U + \delta W \qquad\qquad (式1-6)$$

它表明向系统输入的热量 Q，等于系统内能的增量△U 和系统对外界做功 W 之和。前述物态变化的情形更简单，系统没有对外做功，那么当系统（如水）的温度降低，意味着内能减少了，大小等于输入系统的热量（为负），即放出了热量。

可别小看这一发现，该定律的建立是科学先驱们在漫长研究过程中发现的科学真理。其科学地位建立后，促使第一次工业革命的爆发。如发明了以燃料内能转化为蒸汽热能做功的机器——热力机，蒸汽机火车就是典型的热力机，它推动了人类社会划时代的变革。

二、热力学第二定律

热力学第二定律是热力学的基本定律之一。定律有许多种表述，其中最具代表性的是克劳修斯表述和开尔文表述，这些表述都被证明是等价的。具体表述为克劳修斯定理。

这一定律本身及所引入的熵的概念对于物理学及其他科学领域有深远意义。定律本身可作为过程不可逆性及时间流向的判据。对的的微观解释——系统微观粒子无序程度的量度，更使这概念被引用到物理学之外诸多领域，如信息论及生态学等。

（一）克劳修斯表述

克劳修斯表述以热量传递的不可逆性为出发点，表述为：热量总是自发地从高温热源流向低温热源；或不可能把热量从低温物体传递到高温物体而不产生其他影响。

在建筑能源应用领域，虽然可以借助制冷机使热量从低温热源流向高温热源，但该过程是借助外界对制冷机做功实现的，即这过程除了有热量的传递，还有功转化为热的其他影响。

（二）开尔文表述

开尔文表述是：不可能从单一热源吸收能量，使之完全变为有用功而不产生其他影响，或第二类永动机不可能实现。第二类永动机是指可以将从单一热源吸热全部转化为功，但大量事实证明这个过程是不可能实现的。事实上，开尔文表述也是在大量证伪过程中发现的科学规律，故表述也很独特。对于建筑能源应用的从业人员，该定律告诉我们的基本常识是：功能够自发地、无条件地全部转化为热（如电热转换），但热转化为功是有条件的，而且转化效率有所限制。也就是说功自发转化为热这一过程只能单向进行而不可逆。

人们认识到能量是不能被凭空制造出来的，于是有人提出，设计一类装置，从海洋、大气乃至宇宙中吸取热能，并将这些热能作为驱动永动机转动和功输出的源头，这就是第二类永动机。这一大胆的设想既不违背能量守恒定律，又可从根本上解决能源环境问题，即使在当下也可谓大气磅礴、构思巧妙，令科学家们跃跃欲试。

科学研究需要创新精神，敢于打破条条框框，挑战权威，但前提条件是遵循最基本的规律，前人经过大量实验证明的定律，没有必要再浪费时间，而须站在巨人肩膀上推动人类科学技术进步。能量守恒定律告诉我们，能量不可能自生自灭，在能量转换与应用过程中，获得与损失的能量是相等的；热力学第一定律从数量上说明功和热量对系统内能改变在数量上的等价性；热力学第二定律揭示了热量与功的转化，及热量传递的不可逆性。这两个基本规律对于建筑能源应用领域从业者来说，当铭记于心。

第二章 建筑环境及调控原理

第一节 建筑外环境

　　建筑是人类智慧发展到一定阶段的产物。从人类最早的树栖、穴居、巢居到创造出各式各样的建筑物，都是为了适应各地不同的外部环境。建筑的出现使人类能够适应各种气候条件，从炎热的、潮湿的热带雨林地区到冰冷的南极和北极地区。建筑的功能也从当初的抵御外界侵害、遮风避雨、防寒避暑的简单要求，发展到现代的创造舒适、健康的人居环境，以及能够满足特殊工业建筑要求的人工环境和人工气候室。因此，即使在当代，人与建筑、环境的关系仍然是适应、营造、调控，层次鲜明。

　　建筑物所在地的气候条件和外部环境，会通过围护结构直接影响到室内环境。为了得到良好的室内热湿环境以满足人们生活和生产的需要，必须了解当地的外部环境与气候条件。建筑外环境通常包括太阳辐射和气候条件。

一、太阳辐射

　　太阳是一个直径相当于地球 110 倍的高温气团，其表面温度约为 6 000K，内部温度则高达 2×10^7 K。太阳表面不断以电磁辐射形式向宇宙空间发射出巨大的能量，其辐射波长范围为 0.1pm 的 X 射线到 100m 的无线电波。地球接收到的太阳能约为 1.7×10^{14} kW，仅占其辐射总能量的二十亿分之一左右。即使这样，它也相当于全世界总能耗的 1 万倍，可见其巨大。

　　由于反射、散射、吸收的共同影响，使到达地球表面的太阳辐射被削弱，辐射光谱也发生了变化。即大气层外的太阳辐射在通过大气层时，除一部分被吸收与阻隔外，到达地面的太阳辐射由两部分组成：一部分是太阳直接照射到地面的部分，称为直射辐射；另一部分是经过大气散射后到达地面的，称为散射辐射。直射辐射与散射辐射之和就是到达地面的太阳辐射能总和，称为总辐射。但实际上到达地面的太阳辐射能还有一部分，即被大气层吸收掉的太阳辐射会以长波辐射的形式将其中一部分能量送到地面。不过这部分能量相对于太阳总辐射能量来说很小。

到达地面的太阳辐射照度大小取决于地球对太阳的相对位置（太阳高度角和路径）以及大气透明度。太阳高度角为太阳照射方向与水平面的夹角；大气透明度是衡量大气透明程度的标志。水平面上太阳直射辐射照度与太阳高度角、大气透明度成正比。在低纬度地区，太阳高度角大，大气层厚度较薄，因而太阳直射照度较大；高纬度地区太阳高度角低，大气层厚度较厚，因此太阳直射辐射照度较小。如，在中午太阳高度角大，太阳射线穿过大气层的射程短，直射辐射照度就大；早晨和傍晚的太阳高度角小，行程长，直射辐射照度就小。

北纬40°全年各月水平面、南北向表面和东西向表面每天获得的太阳总辐射照度是不同的。对于水平面来说，夏季总辐射照度达到最大；南向垂直表面在冬季所接受的总辐射照度为最大，感觉最温暖；东西墙面夏季得到的太阳辐射最多，冬季最少，夏季需防西晒；北向外墙一年四季得到的太阳辐射最少，冬季阴冷，这就是为什么处于北半球的中国多以坐北朝南方式修建建筑，以便营造更好的室内环境。

二、室外气候条件

室外气候因素包括大气压力、风、空气温湿度、降水等，都是由太阳辐射以及地球本身的物理性质决定的。

（一）大气压力

物体表面单位面积所受的大气分子的压力称为大气压强或大气压。大气压与气体分子数成正比。在重力场中，空气的分子数随高度的增加而呈指数减少，所以气压大体上也是随高度按指数降低的；由于空气密度与温度成反比，因此在陆地上的同一位置，冬季的大气压力要比夏季高，但变化范围仅在5%以内。当地海拔越高，大气层中空气堆积厚度越小，大气压越低。

（二）风

风是指由于大气压差所引起的大气水平方向的运动。通过上一章的学习我们知道大气压差与温度成反比，所以地表增温不仅是引起大气压差的主要原因，也是风形成的主要成因。

风可以分为大气环流与地方风两大类。由于照射在地球上的太阳辐射不均匀，造成赤道和两极间的温差，由此引发的大气从赤道到两极和从两极到赤道的经常性活动叫作大气环流，大气环流也是造成各地气候差异的主要原因。由于地表水陆分布、地势起伏、表面覆盖等地方性条件不同所引起的风叫作地方风，如海陆风、季风、山谷风、庭院风及巷道风等。海陆风与山谷风是由于局部地方受热不均而引起的，所以其变化以一昼夜为周期，风向产生日夜交替变化。季风是由于海陆间季节温差而引起的：冬季，大陆被强烈冷却，气压增高，季风从大陆吹向海洋；夏季，大陆强烈增温，气压降低，季风从海洋吹向大陆。因此，季风的变化是以年为周期的。我国东部地区夏季湿润多雨而冬季干燥，就是因为受强大季风的影响。我国季风大部分来自热带海洋，影响区域基本是东南和东北的大部分区域，夏季多为南风和东南风，冬季多为北风和西北风。

气象站一般以距平坦地面10m高处所测得的风向和风速作为当地的观测数据。在城市工业区布局及建筑物个体设计中，都要考虑风速、风向的影响。风速过大，可能危及建筑安全；若在城区上风向规划污染物排放大的产业区，则对城市环境影响很大。

（三）室外气温

室外气温主要指距地面1.5m高、背阴处的空气温度。一天内气温的最高值和最低值之差称为日较差。我国各地气温的日较差一般从东南向西北递增。例如青海省的玉树，夏季日较差达到12.7℃；而山东省的青岛，夏季日较差只有3.5℃。夏季日较差较大的地方，虽然白天气温较高，但夜晚凉爽，建筑易被冷却，感觉较为舒适；而日较差较小的地方，白天晚上都感觉炎热难耐。为了适应气候，不同地区的劳动人民创造的建筑形式差异很大。我国多数地区夏季日较差在5~10℃的范围内。一般在晴朗天气下，气温一昼夜的变化是有规律的，气温日变化有一个最高值和最低值。最高值通常出现在14：00左右，而不是正午太阳高度角最大时刻；最低气温出现在日出前后，而不在午夜。这是由于空气与地面间因换热而增温或降温，都需要经历一段时间。

一年内最冷月和最热月的月平均气温差称为年较差。我国各地气温年较差自南到北，自沿海到内陆逐渐增大。华南和云贵高原为10~20℃，长江流域增加到20~30℃。东北的北部和西部则超出了40℃。年较差越大，冬、夏气候差异越大。

（四）空气湿度

通常以空气的相对湿度来表示空气的湿润或干燥程度。相对湿度的日变化通常与气温的日变化相反，空气温度升高则相对湿度减小；空气温度降低则相对湿度增大。在晴天，相对湿度最高值一般出现在黎明前后，夏季在4：00~5：00，虽然此时空气中的水汽含量少，但温度低，故相对湿度大；最低值出现在午后，一般在13：00~15：00，此时虽空气含水汽多（因蒸发较盛），但温度已达最高，故相对湿度最低。夏季相对湿度较大时，人体表面汗液难以蒸发，感觉闷热；相对湿度较低时，感觉干爽。我国因受海洋影响，南方大部分地区相对湿度在一年之内夏季最大，秋季最小；三北地区冬季特别干燥，加上风沙大，皮肤略显粗糙。华南地区和东南沿海一带在3~5月间温度还不高，又因春季海洋气团侵入，故相对湿度较大，所以南方地区在春夏之交气候较潮湿，室内地面常产生泛潮、结露等现象。

（五）降水

降水是指大地蒸发的水分进入大气层。凝结后又回到地面，包括雨、雪、冰雹等。我国降水量大体是由东南向西北递减。因受季风的影响，雨量都集中在夏季，变化率大，数量可观。华南地区的降水从5到10月，长江流域从6到9月间。梅雨是长江流域夏初气候的一个特殊现象，其特征是雨量缓而范围广，延续时间长，雨期为20~25天。珠江口和台湾南部由于受西南季风和台风影响，在七八月间多暴雨，特征是雨量大、范围小、持续时间短。我国的降雪量在不同地区有很大差别，在北纬35°以北到北纬40°地段为降雪或多雪地区。雨水多的地区，建筑防水防潮要求更高。

三、我国气候分区

我国幅员辽阔，地形复杂。各地由于纬度、地势和地理条件不同，气候差异悬殊。根据气象资料表明，我国东部从漠河到三亚，最冷月（1月份）平均气温相差50℃左右。相对湿度从东南到西北逐渐降低，1月份海南岛中部为87%，拉萨仅为29%，7月份上海为83%，吐鲁番为31%。年降水量从东南向西北递减，我国台湾地区年降水量多达3 000mm，而塔里木盆地仅为10mm，北部最大积雪深度可达700mm，而南岭以南则为无雪区。

不同的气候条件对房屋建筑提出了不同的要求。为了满足炎热地区的通风、遮阳、隔热，寒冷地区的供暖、防冻和保温的需要，明确建筑和气候两者的科学联系，从建筑热工设计的角度出发，将全国建筑热工设计分为五个分区，其目的就在于使民用建筑（包括住宅、学校、医院、旅馆）的热工设计与地区气候相适应，保证室内基本热环境要求，符合国家节能方针。因此，用累年最冷月（1月）和最热月（7月）平均气温作为分区主要指标，累年日平均温度≤5℃和≥25℃的天数作为辅助指标，将全国划分成五个区，即严寒、寒冷、夏热冬冷、夏热冬暖和温和地区。

四、建筑外环境与内环境的关系

狭义的建筑环境是指建筑合围空间、建筑腔体中的环境。由于建筑围护结构对外环境的屏蔽作用，建筑外环境不会直接作用于室内，而是通过围护结构和室内使用条件发生非常复杂的耦合关系，形成特定的内环境。其关系是：

第一，太阳辐射是地日相对位置、纬度、海拔、云层等不同，导致各地气候差异的主因，因此，不同地域的建筑，太阳辐射必然迥然不同，终会影响室内环境。

第二，室外气候无疑会直接影响建筑的环境，如室外空气的温度、湿度等都会影响室内声光热湿环境。

第三，建筑内环境的改善技术首先要因地制宜适应当地的室外气候条件。

第四，建筑通风改善室内环境的有效性取决于当地气温变化规律，地源热泵运行效率的高低在很大程度上与地温的变化特性有关，风速风向影响风能利用，绿色建筑设计与当地外环境密切相关。因此，外环境与室内环境关系是很密切的。

除了上述外环境因素外，在我国城市化进程加快、资源能源消耗快速增长和环境日益恶化的背景下，还有两个比较重要的外环境因素，一是建筑外部空气品质越来越差，二是建筑周边背景噪声越来越大，将深刻影响室内环境并需改变因应策略。本章以后几节将分别介绍各种室内环境特性及调控原理。

五、建筑热湿环境特性及调控

建筑室内热环境由室内空气温度及室内各表面温度构成；而湿环境主要是指室内空气湿度。为了讲清原理，这里主要介绍以空气主导的热湿环境特性及调控原理。对于室内表面温度主导的热环境调控，属于被动式营造方法范畴。

空气无孔不入、无所不在，它时刻环绕在人的周围，因此，空气是建筑热湿环境最重要的载体。人所感受到的建筑热湿环境，较大程度上是室内空气的热湿状态。故而深刻认识空气的特性，是本专业最重要的内容之一。

完全不含水蒸气的空气称为干空气。干空气的主要成分为氮（体积百分比约为78%）、氧（21%）以及微量的氩、氖惰性气体和二氧化碳等。但自然界中，江、河、湖、海、土壤、植物叶片里的水分要蒸发汽化，因此大气中总是含有一些水蒸气。从非专业角度看，大气中水蒸气的含量及变化都较小，可以忽略不计。但是，人对大气中的水蒸气含量的多少是非常敏锐的，太低感觉空气干燥，太多又有"桑拿"之感，空气含湿量只有在特定范围才使人感觉比较舒适；特殊工艺要求、精密车间、电子厂房等对空气湿度要求更严苛。因此，对于建筑环境调控及能源应用工程领域而言，湿空气是建筑热湿环境的重要载体，透彻了解湿空气的物理性质，是必不可少的。

（一）湿空气的特性

在实际工程计算中，将湿空气视为理想气体，精度是足够的。则可用理想气体状态方程式来表示干空气和水蒸气的主要状态参数——压力、温度、比体积等的相互关系：

$$p_a V = m_a R_a T \quad 或 \quad p_a v_a = R_a T \tag{式2-1}$$

$$p_v V = m_v R_v T \quad 或 \quad p_v v_v = R_v T \tag{式2-2}$$

式中 p_a，p_v——干空气与水蒸气的压力，Pa。

V——湿空气的容积，m^3。

m_a，m_v——干空气与水蒸气的质量，kg。

R_a，R_v——干空气与水蒸气的气体常数 $R_a = 287J/（kg \cdot K）$，$R_v = 461J/（kg \cdot K）$。

T——湿空气的热力学温度，K。

在建筑环境调控中，除湿空气的状态参数压力和温度外，还经常用到一些热力学参数，如含湿量、相对湿度、焓等重要物理特性，简介如下。

1. 含湿量（d）

湿空气中，所含水蒸气的质量与干空气质量 m_v 之比，即每千克干空气所含有的水蒸气量，单位是 kg/kg。由式2-1和式2-2可导出：

$$d = m_v/m_a$$

$$p = p_a + p_v$$

$$d = 0.622 p_v/p_a \tag{式2-3}$$

$$p = p_a + p_v$$

2. 相对湿度（φ）

空气中实际的水蒸气分压力与同温度下空气中饱和水蒸气分压力之比，用百分率表示，即：

$$\varphi = p_v/p_a \times 100\% \tag{式2-4}$$

式中

p_v ——湿空气的水蒸气分压力。

p_a ——同温度下湿空气的饱和水蒸气分压力。

湿空气的相对湿度亦可近似地表示为含湿量 d 和同温度下饱和含湿量 d_s 之比，即：

$$\varphi = d/d_s \times 100\% \qquad \text{（式2-5）}$$

这样计算的结果，可能会造成2%~3%的误差。

3. 焓（h）

表示湿空气内能的物理量，其定义为该物质的比热力学能 u 与压力 p、比体积 u 乘积的总和，即 $h = u + pv$。

对理想气体 $h = u + pv = c_v T + RT = (c_v + R) T = c_p T = c_p (273 + t)$。其中 c_v 为比定容热容，c_p 为比定压热容。

若取0℃的干空气和0℃的水的焓值为0，t（℃）时1kg干空气的焓 h_a(kJ/kg) 为

$$h_a = c_{p,a} t \qquad \text{（式2-6）}$$

式中 $c_{p,a}$ ——干空气的比定压热容，$c_{p,a} = 1.005$kJ/（kg·℃），近似可取1.01。

1kg水蒸气的焓 h_v（kj/kg）为

$$h_v = c_{p,v} t + 2\ 500 \qquad \text{（式2-7）}$$

式中 $c_{p,v}$ ——水蒸气的比定压热容，$c_{p,v} = 1.84$kJ/（kg·℃）。

2 500 ——$t = 0$℃时水蒸气的汽化潜热。

显然，湿空气的焓（h）应等于1kg干空气的焓与共存的 dkg 水蒸气的焓之和，即

$$h = h_a + h_v = 1.01t + (2\ 500 + 1.84t)d \qquad \text{（式2-8）}$$

式中，d 以 kg/kg 计。如以 g/kg 计则应改为 $h = 1.01t + (2\ 500 + 1.84t)d/1\ 000$，顺便指出，在常温范围内，已知水的比热容为4.19kJ/（kg·℃），则在 t℃下水蒸气的汽化潜热 r_t 应为

$$r_t = 2\ 500 + 1.84t - 4.19t = 2\ 500 - 2.35t \qquad \text{（式2-9）}$$

4. 湿空气的密度（ρ）

应为干空气的密度与水蒸气的密度之和，即：

$$\rho = \rho_a + \rho_v = p_a/R_a T + p_v/R_v T = 0.003\ 484p/T - 0.001\ 34P_v/T \qquad \text{（式2-10）}$$

由于水蒸气的密度较小，故干空气与湿空气的密度在标准条件下（压力为101 325Pa，温度为293K或20℃）相差较小，在工程上取 $\rho = 1.2$kg/m³ 已足够精确。应该说明，在湿空气的含湿量与焓的计算中均以1kg干空气为基准，其原因在于含湿量是湿环境调控的重

要指标，且干空气在热、湿调控过程中的质量是不变化的，而水蒸气量则可能变化较大。

5. 湿球温度

湿球温度是在定压绝热条件下，空气与水直接接触达到稳定热湿平衡时的绝热饱和温度，也称热力学湿球温度。利用普通水银温度计，将其球部用湿纱布包敷，则成为湿球温度计。纱布纤维的毛细作用，能从盛水容器内不断地吸水以湿润湿球表面。因此，湿球温度计所指示的温度值实际上是球表面水的温度。

6. 空气的露点温度

在含湿量不变的条件下，湿空气达到饱和时的温度。它也是湿空气的一个状态参数，它与 P_w 和 d 相关，因而不是独立参数。当湿空气被冷却时（或与某冷表面接触时），当湿空气温度小于或等于其露点温度，则会出现结露现象。夏日清晨禾苗上结的露珠，是因为叶片温度在天空冷辐射的作用下低于空气露点温度，湿空气中的水蒸气被凝结而成。因此，湿空气的露点温度也是判断是否结露的判据。

在大气压 p 一定的条件下，只要湿空气的参数 d、h、t、φ 中任意两个独立参数已知，那么通过以上公式可以计算出湿空气的任意其他特性。但因为计算公式较为烦琐，不直观形象，且环境调控是由各种过程组成，因此工程上习惯利用更方便、清晰的焓湿图，这将在专业课中介绍。

（二）热湿环境调控原理

热湿环境调控是指对室内温度或/和湿度进行调节控制，它可以是对单一参数调控，也可是对两个参数同时进行调控。其实，大家对热湿环境调控并不陌生。夏天你有过打开窗户透气、打开换气扇通风、启动空调降温的经验吗？冬天你有过使用暖风机的经历吗？这就是比较简单的热湿环境调控。根据建筑功能和要求不同，热湿环境调控的技术措施、调控过程及能耗代价也是不同的。如开窗、开电扇排除了余热，有明显的降温效果，供暖可以提升室内温度，改善室内舒适性，它们都是单一调节温度的。而分体式空调主要是降温，附带也有一定的除湿效果，属于比较简单的热湿调控方式。

若要同时调节空气温度和湿度，必须采用复杂的技术手段和调控过程才能实现。其基本要求是，将室外空气（新风）、回风及送风混合，达到室内预期的温、湿度设计工况。

1. 基本概念

（1）新风

就是从室外引进的空气。新风的作用是提供室内所需要的氧气，稀释室内污染物，保证人体正常生活与健康的基本需要。其实，在环境污染日益严重的今天，新风并不是指新鲜空气，仅代表室外空气。

（2）回风

就是从室内引出的空气，经过热质交换设备的处理再送回室内的环境中。

（3）送风状态点

指的是为了消除室内的余热余湿，以保持室内空气环境要求，送入房间的空气的状态。

（4）冷（热）负荷

房间在外部气候和围护结构热工性能综合作用下，要维持预期的室内设计工况，外界须提供的冷（热）能量的大小。而新风冷负荷则是指要把室外空气调节到室内工况所需要提供的冷量大小。

2. 热湿环境的调控原理

夏季典型热湿环境调控系统原理：通常，回风与新风混合后进行热质交换、并通过再热调节处理，达到送风状态，再送入房间与吸收了室内的余热和余湿的空气混合，其状态也由送风状态点变为室内工况，然后多余的室内空气排出室外（排风），从而保证室内空气环境为所要求的状态。调控原理本质上是空气质量平衡和能量守恒定律。

（1）调控系统的空气质量平衡

室外引进的新风量 G_w =房间排风量 G_p；新风量 G_w +回风量＝系统送风量 G；

（2）调控系统的热平衡

房间冷负荷 Q_1+再热量 Q_2+新风冷负荷 Q_3＝系统去除热量 Q_0＝系统供冷量

其中，房间冷负荷 Q_1 的大小由室外气象、室内热源湿源、设定条件及围护结构特性优劣决定（在暖通空调课程中介绍）；再热量 Q_2 由热质交换过程决定，因为单一的热质交换过程很难达到我们需要的送风状态点；新风冷负荷 Q_3 取决于新风量和室内外空气的焓差 $Q_3 = G_w(h_w - h_N)$。

①在空调系统中，为得到同一送风状态点，可能有不同的调控途径。至于究竟采用哪种途径，则须结合冷源、热源、材料、设备等条件，经过技术经济分析比较才能最后确定。

②因为室外空气状态偏离室内工况较远，新风量越大，调控系统供冷能耗越高，合理确定新风量至关重要。

③若全部采用新风，回风量为零，能耗将会很高。

④在保证室内卫生的前提下，尽量多地利用回风可以有利于节能。

⑤为了保证室内空气品质，适当排出室内污浊空气（保证温湿度是设定工况），对于排风进行热回收，有利于能源的有效利用。

可见，热湿环境调控是按照需求分层次的，能够调节单参数的，没有必要调控两个参数，宜简不宜繁。这正是本专业之供暖、通风、空调解决不同环境调控问题的关键所在。

第二节　空气品质特性及调控

一、室内空气品质的重要性

在建筑室内环境中，室内空气品质是最重要的一个方面，与居民健康密切相关。人可以在缺少食物和水的环境下生活相当长的时间，而缺少空气 5min 就会窒息致死。在现代社会，污染无处不在。当遇到水污染时，我们可暂时避开受污染的水，饮用纯净水；但面临空气污染时，却不可不呼吸。所以，空气污染是人类面临的最严重的污染，据世界卫生组织统计，现代人类疾病的 80% 都与空气污染有关。

空气污染分为室外空气污染和室内空气污染。随着全球的工业化，室外空气污染在全球得到了广泛的重视。但室内空气污染却直到 1980 年后才引起人们的注意。现在，由于人们对室内空气污染的认识加深，室内空气污染目前已经引起全球各国政府、公众和研究人员的高度重视，并诞生了一门崭新的学科——"室内空气品质"。这主要是因为：

（一）室内环境是人们接触最频繁、最密切的环境

在现代社会中，人们约有 80% 以上的时间是在室内度过的，与室内空气污染物的接触时间远远大于室外。

（二）室内空气中污染物的种类和来源日趋增多

由于人们生活水平的提高，家用燃料的消耗量、食用油的使用量、烹调菜肴的种类和数量等都在不断地增加；随着化工产品的增多，大量的能够挥发出有害物质的各种建筑材料、装饰材料、人造板家具等民用化工产品进入室内。因此，人们在室内接触的有害物质的种类和数量比以往明显增多。据统计，至今已发现的室内空气中的污染物有 3 000 多种。

（三）建筑物密封程度的增加，使得室内污染物不易扩散，增加了室内人群与污染物的接触机会

随着世界能源的日趋紧张，包括发达国家在内的许多国家都十分重视节约能源。例如，许多建筑物都被设计和建造得非常密闭，以防室外的过冷或过热空气影响了室内的适宜温度；另外，使用空调的房间也尽量减少新风量的进入，以节省能量，这样严重影响了室内的通风换气。室内的污染物如果不能及时排出室外，在室内造成大量聚积，且室外的新鲜空气也不能正常地进入室内，除了严重地恶化室内空气品质外，对人体健康也会造成极大的危害。

至今，室内空气污染问题已成为许多国家极为关注的环境问题之一，室内空气品质的研究已经形成为建筑环境科学领域内一个新的重要组成部分。

二、室内空气品质的定义

室内空气品质的定义经历了许多变化。最初，人们把室内空气品质几乎等价为一系列污染物浓度的指标，人们认识到这种纯客观的定义已不能完全涵盖室内空气品质的内容。

良好的室内空气品质应该是空气中没有已知的污染物，达到公认的权威机构所确定的有害浓度指标，并且处于这种空气中的绝大多数人对此没有表示不满意，这一定义体现了人们认识上的飞跃，它把客观评价和主观评价结合起来。提出可接受的室内空气品质和感官可接受的室内空气品质等概念。

（一）可接受的室内空气品质

在占用的地方内，绝大多数的人没有对此空气表示不满意；同时空气内含有已知污染物的浓度足以严重威胁人体健康的可能性不大。

（二）感官可接受的室内空气品质

在占用的地方内，绝大多数的人没有因为气味或刺激性而表示不满意，它是达到可接受的室内空气品质的必要而非充分条件。

由于室内空气中有些气体，如氡、一氧化碳等没有气味，对人也没有刺激作用，不会被人感受到，却对人的危害很大。因而仅用感官可接受的室内空气品质是不够的，必须同时引入可接受的室内空气品质。

（三） 调控原理与技术

为了有效控制室内污染、改善室内空气品质，需要对室内污染全过程有充分认识。

1. 污染物源头治理

从源头治理室内空气污染，是治理室内空气污染的根本之法。污染源头治理有以下几种。

（1）消除室内污染源

最好、最彻底的办法是消除室内污染源。比如，一些室内建筑装修材料含有大量的有机挥发物，研发具有相同功能但不含有害有机挥发物的材料，可消除建筑装修材料引起的室内有机化学污染；又如，一些地毯吸收室内化学污染后会成为室内空气的二次污染源，因此，不用这类地毯就可消除其导致的污染。

（2）减小室内污染源散发强度

当室内污染源难以根除时，应考虑减少其散发强度。比如，通过标准和法规对室内建筑材料中有害物含量进行限制就是行之有效的办法。限定了室内装饰装修材料中一些有害物质的含量和散发速率，对于建筑物在装饰装修方面材料使用做了一定的限定，同时也对装饰装修材料的选择有一定的指导意义。

（3）污染源附近局部排风

对一些室内污染源，可采用局部排风的方法。比如，厨房间，随着新风量加大，感知室内空气品质不满意率下降。考虑到新风量加大时，新风处理能耗也会加大，因此，针对不同工程采用的新风量会有所不同。

2. 空气净化

空气净化是指从空气中分离和去除一种或多种污染物，实现这种功能的设备称为空气净化器。使用空气净化器是改善室内空气质量、创造健康舒适的室内环境十分有效的方法。空气净化是室内空气污染源头控制和通风稀释不能解决问题时不可或缺的补充。此外，在冬季供暖、夏季使用空调期间，采用增加新风量来改善室内空气质量，需要将室外进来的空气加热或冷却至舒适温度而耗费大量能源，使用空气净化器改善室内空气质量，可减少新风量，降低采暖或空调能耗。

目前空气净化的方法主要有：过滤器过滤、吸附净化法、纳米光催化降解 VOCs、臭氧法、紫外线照射法、等离子体净化和其他净化技术，过滤器按照过滤效率的高低可分为粗效过滤器、中效过滤器、高效过滤器和静电集尘器。

第三节　建筑通风及调控

一年四季中，建筑所处的外环境变化很大，建筑的功能各有不同，任何单一的调控方式都有一定的适用范围。如，空调只适合于室外炎热或寒冷的时候，室外凉爽宜人时开启空调费用高又不节能减排。某些工厂建筑余热余湿粉尘排放大，如何通过经济可行、节能环保的技术手段营造建筑室内环境、改善工作条件呢？

一、建筑通风的作用

所谓通风，就是把室外空气通过某种方式引入室内，改善室内环境品质的调控技术手段。

若室外空气温湿度处于舒适范围且较为清洁时，引入室外空气带走室内余热余湿，置换室内污浊空气，既可减少空调运行时间、节能减排，又可营造一种更加亲和自然、卫生健康的居住环境。

把高污染厂房室内被污染的空气直接或经净化后排至室外，把新鲜空气补充进来，从而保持室内的空气环境符合卫生标准和满足生产工艺的需要。

一般的民用建筑和一些发热量小而且污染轻微的小型工业厂房，通常只要求保持室内的空气清洁新鲜，并在一定程度上改善室内的小气候——空气的温度、相对湿度和流动速度。为此，一般只需采取一些简单的措施，如通过窗孔换气、利用穿堂风降温、使用电风扇提高空气的流速等。在这些情况下，无论对进风或排风，都不进行处理。

在工业生产的许多车间中，伴随着生产过程放散出大量的热、湿、各种工业粉尘以及有害气体和蒸汽。这种情况下如不采取防护措施，势必恶化车间的空气环境，危害工人的健康，影响生产的正常进行，损坏机具设备和建筑结构；而且，大量的工业粉尘和有害气体排入大气，又必然导致大气污染，不仅影响周边群众的健康，也危及各种动植物的正常生长。但是有许多工业粉尘和气体又是值得回收的原材料。这时通风的任务，就是要对工业有害物采取有效的防护措施，以消除其对工人健康和生产的危害，创造良好的劳动条件，同时尽可能对它们回收利用，化害为利，并切实做到防止大气污染。这样的通风叫作"工业通风"。

可见，建筑通风不仅是改善室内空气环境的一种手段，而且也是保证产品质量、促进生产发展和防止大气污染的重要措施之一。

二、调控类型及原理

（一）自然通风

自然通风是借助于自然压力——"风压"或"热压"促使空气流动的。所谓风压，就是由于室外气流（风力）造成室内外空气交换的一种作用压力。在风压作用下，室外空气通过建筑物迎风面上的门、窗孔口进入室内，室内空气则通过背风面及侧面上的门、窗孔口排出。热压是由于室内外空气的温度不同而形成的重力压差。当室内空气的温度高于室外时，室外空气的密度较大，便从房屋下部的门、窗孔口进入室内，室内空气的密度小则从上部的窗口排出。

自然通风方式中，空气是通过建筑围护结构的门、窗孔口进、出房间的，可以根据设计计算获得需要的空气量，也可以通过改变孔口开启面积大小的方法来调节风量，因此称为有组织的自然通风，通常简称自然通风。利用风压进行全面换气，是一般民用建筑普遍应用的一种通风方式。我国南方炎热地区的一些高温车间，很多也是以利用穿堂风为主来进行通风降温的。

同时，利用风压和热压以及无风时只利用热压进行全面换气，是对高温车间防暑降温的一种最经济有效的通风措施，它不消耗电能，而且往往可以获得较大的换气量，应用非常广泛。

自然通风的突出优点是不需要动力设备，因此比较经济，使用管理也比较简单。缺点是：

第一，由于作用压力较小，故对进风和排风都较难进行处理。

第二，由于风压和热压均受自然条件的约束，因此换气量难以有效控制，通风效果不够稳定。

（二）机械通风

机械通风是依靠风机产生的压力强制空气流动。机械通风可分为局部机械通风和全面机械通风。

局部机械通风表示在产生有害物的房间设置局部机械送风系统，而进风来自不产生有害物的邻室和由本房间自然进风。这样，通过机械排风造成一定的负压，可防止有害物向卫生条件较好的邻室扩散。在寒冷地区，冬季为保证室内要求的卫生条件，自然进风所消耗的热量应由供暖设备来补偿。如果该项热负荷较大，致使增设的供暖设备过多而在技术经济上不合理时，则应设置有加热处理的机械送风系统。这时为防止有害物向邻室扩散，可使机械进风量略小于机械排风量。

机械通风由于作用压力的大小可以根据需要确定，而不像自然通风受到自然条件的限制，因此可以通过管道把空气送到室内指定的地点，也可以从任意地点按要求的吸风速度排向被污染的空气，适当地组织室内气流的方向；并且根据需要可以对进风或排风进行各种处理；此外，也便于调节通风量和稳定通风效果。但是，风机运转时消耗电能，风机和风道等设备要占用一定的建筑面积和空间，因而工程设备费和维护费较大，安装和管理都较为复杂。

应该指出，根据能量转换与守恒定律，机械通风的风机所消耗的电能，最终将会转化为空气的热能和动能排入大气损失掉了。根据热力学第二定律，回收它要付出高昂代价，得不偿失，经济上不可行。因此，对待工程问题，需要从正反两个方面辩证分析。

第四节　建筑光与声环境的特性及调控

一、建筑光环境特性及调控

在信息年代，人们每天接受的信息成千上万，其中80%是靠眼睛获得的。舒适的建筑光环境不仅可以减少人的视觉疲劳、提高生产效率，对人的身体健康特别是视力健康也有好处。但是，若光线不足、采光不合理则会导致工作效率下降，甚至是事故的发生。因此，具备一定的建筑光学基本知识是建筑环境与能源应用工程专业人员所必须的。

（一）视觉与光环境的重要性

视觉就是辐射进入人眼所产生的光感觉而产生的对外界的认识理解，所以这个过程不仅需要外界条件对眼睛神经系统的刺激，而且需要大脑对由此产生的脉冲信号进行解释和判断。因此视觉不是简单的"看"，它包含着"看与理解"。视觉的形成可以分为四个阶段。

1. 光源（太阳或灯）发出光辐射。

2. 外界景物在光照射下产生颜色、明暗和形体的差异，相当于形成二次光源。

3. 二次光源发出不同颜色、强度的光信号进入人眼瞳孔，借助眼球调视、在视网膜上成像。

4. 视网膜上接受光刺激（即物象）变为脉冲信号，经视神经传给大脑，通过大脑的解释、分析、判断而产生视觉。

上述过程表明，视觉的形成既依赖眼睛的生理机能和大脑的视觉经验，又和照明状况密切相关。人的眼睛和视觉，就是长期在自然光照射下演变进化的。

舒适光环境的意义在于对人的精神状态和心理感受都产生积极的影响。例如，对于生产、工作和学习的场所，良好的光环境能振奋精神，提高工作效率和产品质量；对于休息、娱乐的公共场所，适宜的光环境能创造舒适、幽雅、活泼生动或庄重严肃的气氛。舒适光环境的主要影响因素包括照度、亮度、光色、周围亮度、视野外的亮度分布、眩光、阴影等。

（二）建筑光环境的特性

1. 光的性质

光是一种电磁辐射形式的能源。这种能源是由不同物质的原子结构作用而辐射出来的，并且这种能源在广泛的范围内起着作用。尽管不同形式的电磁辐射在与物质作用时表现出很大的不同性，但它们在传播过程中有着相同的特性。光是一种如此特殊的电磁辐射，它能被人的视觉所感知。能够被人眼所感知的电磁辐射范围在整个电磁辐射光谱中只是非常狭窄的一部分。

2. 光通量

辐射体以电磁辐射的形式向四面八方辐射能量。单位时间内辐射体的能量称辐射功率或者辐射量 Φ。相应的辐射通量中被人眼感觉为光的那部分能量称为光通量，即在波长 $380 \sim 780nm$ 的范围内辐射出的并被人眼感觉到的辐射通量。光通量是说明光源发光能力的基本量，单位是流明（lm）。它是描述光源基本特性的参数之一。如，100W 普通白炽灯发出的光通量为 1 250lm，40W 日光色荧光灯发出的光通量为 2 000lm。

3. 发光强度

光通量只是说明了光源的发光能力，并没有表示出光源所发出光通量在空间分布情况。例如，同样是 100W 的普通白炽灯，带有灯罩和不带灯罩在室内形成的光分布是完全不同的。因此，仅仅知道光源光通量是不够的，还必须了解表示光通量在空间分布状况的参数，即光通量的空间密度，称为发光强度，常用符号 I 表示。

光源在某一方向的发光强度定义为光源在这方向上单位立体角内发出的光通量，单位为坎德拉（cd），即：

$$I = \frac{d\Phi}{d\Omega}(cd) \qquad \text{（式 2 - 11）}$$

发光强度和光通量均是描述光源特性的参数，二者缺一不可。一只裸露的 40W 白炽灯发出的光通量为 350lm，它的平均发光强度为 $350/4\pi = 28cd$；若在其上加一白色搪瓷灯罩，灯的正下方发光强度能提高到 $70 \sim 80cd$；若配上一个聚焦合适的镜面反射灯罩，则灯下方的发光强度可以高达数百坎德拉。在后两种情况下，光源的光通量没有任何变化，只是光通量在空间的分布更为集中。

4. 照度

对于被照面而言，常用落在其单位面积上的光通量的数值表示它被照射的程度，这就是常用的照度，记作 E，表示被照面上的光通量密度。若照射到表面一点面元上的光通量为 $d\Phi$，该面元的面积为 dS，则有

$$E = \frac{d\Phi}{dS} \qquad \text{（式 2 - 12）}$$

照度的常用单位为勒克斯（lx），等于 1lm 的光通量均匀分布在 $1m^2$ 的被照面上。晴天中午室外地平面上的照度为 80 000 ~ 120 000lx；阴天中午地平面照度为 8 000 ~ 20 000lx；在装有 40W 白炽灯的台灯下看书，桌面照度平均值为 200 ~ 300lx；而月光下的照度只有几个勒克斯。

照度可以直接相加，几个光源同时照射被照面时，其上的照度为单个光源分别存在时形成的照度的代数和。

5. 亮度

亮度是将某一正在发射光线的表面的明亮程度定量表示出来的量。在光度单位中，是唯一能引起眼睛视感觉的量。虽然在光环境设计中经常用照度及照度分布（均匀度）衡量光环境优劣，但就视觉过程说来，眼睛并不直接接受照射在物体上的照度的作用，是通过物体的反射或透射，将一定亮度作用于眼睛。亮度又分为物理亮度和主观亮度。

二、建筑光环境的调控技术

什么样的光环境能满足视觉的要求，是确定设计标准的依据。良好光环境的基本要素

可以通过使用者的意见和反映得到。为了建立人对光环境的主观评价与客观评价之间的对应关系，世界各国的科学工作者进行了大量的研究工作，通过大量视觉功效的心理物理实验，找出了评价光环境质量的客观标准，为制定光环境设计标准提供了依据。舒适光环境要素包括几方面：适当的照度或亮度水平，合理的照度分布，舒适的亮度分布，宜人的光色，避免眩光干扰，光的方向性和立体感。

（一）天然采光的调控技术

天然采光是对自然能源的利用，是实现可持续建筑的途径之一；天然采光更能满足室内人员对于室外的视觉沟通的心理需求，从而更有利于工作效率和产品质量的提高。然而，外窗又是建筑外围护结构热工性能的薄弱环节，所以利用自然光调控应该综合考虑节能和改善室内环境质量两方面。

自然光源应用太阳光作为光源。日光在通过地球大气层时被空气中的尘埃和气体分子扩散。结果，白天的天空呈现出一定的亮度，这就是天空光，昼光是直射日光与天空光的总和。地面照度来源于日光和天空光，其比例随太阳高度和天气而变化。我国地域辽阔，同一时刻南、北方的太阳高度角相差很大，为此在采光设计中将全国划为五个光气候区，各地可利用的天然采光资源差异巨大。典型的天然采光技术有：

1. 单侧窗

适合用于进深不大，仅有一面外墙的房间，以居住建筑居多。

2. 双侧窗

在相对两面侧墙上开窗能将采光增加一倍，同时缓和实墙与窗洞间的亮度对比。相邻两面墙上都开侧窗，在缓和墙与窗的对比上效果更加显著，但采光进深增加有限。

3. 矩形天窗

在单层工业厂房中，矩形天窗应用很普遍。图 2-1（a）是矩形天窗的透视简图，它实质上相当于提高位置的成对高侧窗。在各类天窗中，它的采光效率（进光量与窗洞面积的比）最低，但眩光小，便于组织自然通风。矩形天窗的采光效率取决于窗子与房间剖面尺寸，如天窗跨度、天窗位置的高低与天窗的间距、窗子的倾斜度。

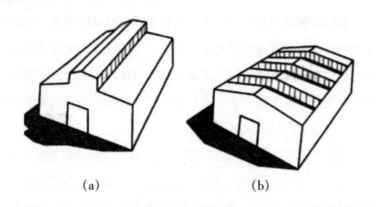

(a)　　　　　　　　　　(b)

图 2-1　矩形天窗

4. 平天窗

平天窗的形式很多，其共同点是采光口位于水平面或接近水平面（图 2-2）。因此，它们比所有其他类型的窗子采光效率都高得多，约为矩形天窗的 2~2.5 倍。平天窗采用透明的窗玻璃材料时，日光很容易长时间照进室内，不仅产生眩光，而且夏季强烈的热辐射会造成室内过热，所以，热带地区使用平天窗一定要采取措施遮蔽直射阳光，加强通风降温。

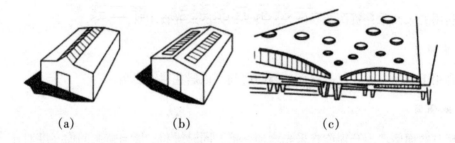

(a)　　　　　(b)　　　　　(c)

图 2-2　平天窗

5. 采光新技术

对于将昼光引进室内的新技术进行了许多研究，并出现了一些建筑设计工程案例。其意义在于：

第一，增加室内可用的昼光数量。

第二，提高离窗远的区域的昼光比例。

第三，使不可能接收到天然光的地方也能享受天然采光。

采光方法大体有三类：

①利用镜反射表面，将日光反射到需要的空间。

②通过设在屋顶上的定日镜跟踪太阳，将获取的日光汇集成光束，经过光学系统的多

次反射、折射后，引入需要的空间，再经过漫射供室内环境照明。

③通过光导纤维或导光管，将日光传送到需要照明的空间，甚至可以借助光导纤维"看"到室外景物。这种光导纤维，要能有效地长距离传送高度集中光通量才行。

（二）人工照明的调控

天然光具有很多优点，但它的应用受到时间和地点的限制。建筑物内不仅在夜间必须采用人工照明，在某些场合，白天也需要人工照明。人工照明的目的是按照人的生理、心理和社会的需求，创造一个人为的光环境。人工照明主要可分为工作照明（或功能性照明）和装饰照明（或艺术性照明）。前者主要着眼于满足人们生理上、生活上和工作上的实际需要，具有实用性目的；后者主要满足人们心理上、精神上和社会上的观赏需要，具有艺术性的目的。在考虑人工照明时，既要确定光源、灯具、安装功率和解决照明质量等问题，还需要同时考虑相应的供电线路和设备。人工光源按其发光机理可分为热辐射光源、气体放电光源及电光源 LED。

1. 热辐射光源

热辐射光源靠通电加热钨丝，使其处于炽热状态而发光。代表性的热辐射光源有：

（1）普通白炽灯

白炽灯是一种利用电流通过细钨丝，所产生的高温而发光的热辐射光源。它发出的可见光以长波为主，与天然光相比，其光色偏红，因此不适合用于需要仔细分辨颜色的场所。此外，灯丝亮度很高，易形成眩光。人工光源发出的光通量与它消耗的电功率之比称该光源的发光效率，简称光效，单位为 lm/W，是表示人工光源节能性的指标。白炽灯的光效不高，仅在 $12\sim20lm/W$ 左右，97% 以上的电能都以热辐射的形式损失掉了。白炽灯也具有其他一些光源所不具备的优点。如：无频闪现象；高度的集光性，便于光的再分配；良好的调光性，有利于光的调节；开关频繁程度对寿命影响小；体积小，构造简单，价格便宜，使用方便；等等。所以仍是一种广泛使用的光源。

（2）卤钨灯

为避免普通白炽灯透光率下降的缺点，将卤族元素充入灯泡内，它能和游离态的化合成气态的卤化钨。这种化合物很不稳定，在靠近高温的灯丝时会发生分解，分解出的重新附着在灯丝上，而卤族又继续进行新的循环，这种卤钨循环作用消除了灯泡的黑化，延缓了灯丝的蒸发，将灯的发光效率提高到 $20lm/W$ 以上，寿命也延长到 $1\,500h$ 左右。卤钨循环必须在高温下进行，要求灯泡内保持高温，因此，卤钨灯要比普通白炽灯体积小得多。

2. 气体放电光源

气体放电光源是利用气体放电产生的气体离子发光的原理制成的。弧光灯适用的填充气体范围从氢气到氙气，包括汞—氙气和钠—氙气。汞弧光是非常有效的紫外光源，其大部分输出在紫外波段（特别接近254nm）；氢在紫外波段能产生强连续光谱，短波输出主要受限于窗口的光源透过性能；外界电场加速放电管中的电子，通过气体（包括某些金属蒸气）放电而导致原子发光的光谱，如日光灯、汞灯、钠灯、金属卤化物灯。气体放电有弧光放电和辉光放电两种，放电电压有低气压、高气压和超高气压三种。弧光放电光源包括：荧光灯、低压钠灯等低气压气体放电灯，高压汞灯，高压钠灯，金属卤化物灯等。

3. 电光源 LED，发光二极管

LED 是一种能够将电能转化为可见光的固态的半导体器件，它可以直接把电转化为光。LED 的心脏是一个半导体的晶片，晶片的一端附着在一个支架上，是负极，另一端连接电源的正极，使整个晶片被环氧树脂封装起来。其主要特点是节能、环保。白光 LED 的能耗仅为白炽灯的 1/10，节能灯的 1/4，不含铅、汞等污染元素，对环境没有任何污染；纯直流工作，消除了传统光源频闪引起的视觉疲劳，寿命可达 10 万 h 以上。

三、建筑声环境特性

（一）声音的基本特性

人耳能听到的声波频率范围约在 20～20 000Hz 之间，低于 20Hz 的声波称为次声，高于 20 000Hz 的称为超声。次声和超声都不能被人耳听到。声音具有以下几个方面表征：

1. 声功率

声功率是指声源在单位时间内向外辐射的声能，单位为 μW。声源声功率有时指的是在某个频带的声功率，此时须注明所指的频率范围。

声源辐射的声功率是属于声源本身的一种特性，不因环境条件的不同而改变。一般人讲话的声功率是很小的，稍微提高嗓音时约 $50\mu W$；即使 100 万人同时讲话，也只是相当于一个 50W 电灯泡的功率。

2. 声强与声压

声强是衡量声波在传播过程中声音强弱的物理量，单位是 W/m^2。声场中某一点的声强，是指在单位时间内，该点处垂直于声波传播方向上的单位面积所通过的声能。在无反

射声波的自由场中，点声源发出的球面波，均匀地向四周辐射声能。因此，距声源中心为 r 的球面上的声强为

$$I = \frac{W}{4\pi r^2}$$ （式 2 - 13）

式中 W ——声源声功率，W。

人耳对声音是非常敏感的，人耳刚能听见的下限声强为 10^{-12} W/m²，下限声压为 2×10^{-5} Pa，称作可听阈；而使人能忍受的上限声强为 1W/m²，上限声压为 20Pa，称作烦恼阈。可看出，人耳的容许声强范围为 1 万亿倍，声压相差也达 100 万倍。同时，声强与声压的变化与人耳感觉的变化也是与它们的对数值近似成正比，因此引入了"级"的概念。

3. 级与声压级

所谓级是做相对比较的量。如声压以 10 倍为一级划分，从可听阈到烦恼阈可划分为 10^0 ~ 10^6 共七级。n 就是级值，但七个级别太少，所以将其乘以 20，把这个区段的声压级划分为 0~120 分贝（dB），即

$$L_p = 20\lg \frac{P}{P_0}$$ （式 2 - 14）

式中 L_p ——声压级，dB。

P_0 ——参考声压，以可听阈 2×10^{-5} Pa 为参考值。

从式中可以看出：声压变化 10 倍，相当于声压级变化 20dB。

4. 声源的指向性

声源在辐射声音时，声音强度分布的一个重要特性为指向性。当声源的尺度比波长小得多时，可以看作无方向性的"点声源"，在距声源中心等距离处的声压级相等。当声源的尺度与波长相差不多或更大时，它就不能看作是点声源，而应看成由许多点声源组成，叠加后各方向的辐射就不一样，因而具有指向性，在距声源中心等距离的不同方向的空间位置处的声压级不相等。声源尺寸比波长大得越多，指向性就越强。

（二）听觉特性

尽管人对声音的主观要求是十分复杂的，与年龄、身体条件、心理状态等因素有着密切的关系。但最低的要求则是比较一致的，即想听的声音要能听清，不需要的声音则应降低到最低的干扰程度。

1. 人耳的频率响应与等响曲线

人耳对声音的响应并不是在所有频率上都是一样的。人耳对 2 000~4 000Hz 的声音最敏感；在低于 1 000Hz 时，人耳的灵敏度随频率的降低而降低；而在 4 000Hz 以上，人耳的灵敏度也逐渐下降。也就是说，相同声压级的不同频率的声音，人耳听起来是不一样响的。

2. 掩蔽效应

人耳对一个声音的听觉灵敏度因为另一个声音的存在而降低的现象叫"掩蔽效应"，听阈所提高的分贝数叫"掩蔽量"，提高后的听阈叫"掩蔽阈"。因此，一个声音能被听到的条件是这个声音的声压级不仅要超过听者的听阈，而且要超过其所在背景噪声环境中的掩蔽阈。一个声音被另一个声音所掩蔽的程度，即掩蔽量，取决于这两个声音的频谱、二者的声压级差和二者达到听者耳朵的时间和相位关系。

3. 双耳听闻效应（方位感）

同一声源发出的声音传至人耳时，由于到达双耳的声波之间存在一定的时间差、位相差和强度差，使人耳能够知道声音来自哪个方向，双耳的这种辨别声源方向的能力称为方位感。方位感很强的声音更能吸引人的注意力，即使多个声源同时发声，人耳也能分辨出它们各自所在的方向。因此，往往声源方位感明显的噪声也更容易引起人心理上的烦躁，而无明确方位感的噪声则易被人忽略。所以，在利用掩蔽效应进行噪声控制时，应尽量弱化掩蔽声源的方位感。

4. 听觉疲劳和听力损失

人们在强烈噪声环境里经过一段时间后，会出现听阈提高的现象，即听力有所下降。如果这种情况持续时间不长，则在安静环境中停留一段，听力就会逐渐恢复。这种听阈暂时提高，即听力下降，事后可以恢复的现象称为听觉疲劳。如果听力下降是永久性不可恢复的，则称为听力损失。一个人的听力损失通常用他的听阈比公认的正常听阈高出的分贝数表示。

三、噪声的评价

噪声的定义是：凡是人们不愿听的各种声音都是噪声。因此，一首优美的歌曲对欣赏者是一种享受，而对一个下夜班需要休息的人则是引起反感的噪声。交通噪声在白天人们还可以勉强接受或容忍，而对夜间需要休息的人则是无法忍受的。噪声评价是对各种环境条件下的噪声做出影响评价，并用可测量计算的评价指标来表示影响的程度。

（一）A 声级 L_A（或 L_{pA}）

A 声级由声级计上的 A 计权网络直接读出，用 L_A 或 L_{pA} 表示，单位是 dB（A）。A 声级反映了人耳对不同频率声音响度的计权。此外，A 声级同噪声对人耳听力的损害程度也能对应得很好，因此是目前国际上使用最广泛的环境噪声评价方法。

（二）等效连续 A 声级

建立在能量平均概念上的等效连续 A 声级，被广泛应用于各种噪声环境的评价。但它对偶发的短时的高声级噪声不敏感。昼夜等效声级 L_{dn}：一般噪声在晚上比白天更容易引起人们的烦恼。根据研究结果表明，夜间噪声对人的干扰约比白天大 10dB 左右。因此，计算一天 24 小时的等效声级时，夜间的噪声要加上 10dB 的计权，这样得到的等效声级称为昼夜等效声级。

（三）累积分布声级 L

实际的环境噪声并不都是恒定的。对于随时间随机起伏变化的噪声（如城市交通噪声）如何评价呢？累积分布声级就是用声级出现的累积概率来表示这类噪声的大小。累积分布声级 Lx 表示 x% 测量时间的噪声所超过的声级。例如 L10＝70dB，表示有 10% 的测量时间内声级超过 70dB，而其他 90% 时间的噪声级低于 70dB。

四、噪声的控制与治理方法

噪声污染是一种造成空气物理性质变化的暂时性污染，噪声源停止发声，污染立即消失。噪声的防治主要是控制声源的输出和噪声的传播途径，以及对接收者进行保护。

（一）声源的噪声控制

降低声源噪声辐射是控制噪声最根本和最有效的措施。可通过改进结构设计、改进加工工艺、提高加工精度等措施来降低噪声的辐射，还可以采取吸声、隔声、减振等技术措施，以及安装消声器等控制声源的噪声辐射。许多设备，如风机、制冷压缩机、发电机、电动机等都可以采用隔声罩降低其噪声的干扰。隔声罩通常是兼有隔声、吸声、阻尼、隔振、通风和消声等功能的综合体，根据具体使用要求，也可使隔声罩只具有其中几项功能。

（二）在传声途径中的控制

1. 利用噪声在传播中的自然衰减作用，使噪声源远离安静的地方。

2. 声源的辐射一般有指向性，因此，控制噪声的传播方向是降低高频噪声的有效措施。

3. 建立隔声屏障或利用隔声材料和隔声结构来阻挡噪声的传播。

4. 应用吸声材料和吸声结构，将传播中的声能吸收消耗。

5. 对固体振动产生的噪声采取隔振措施，以减弱噪声的传播。

在建筑布局设计时应按照"闹静分开"的原则对噪声源的位置合理地布置。例如，将高噪声的空调机房和冷热源机房尽量与办公室、会议室、客房分开。高噪声的设备尽可能集中布置，便于采取局部隔离措施。另外，改变噪声传播的方向或途径也是很重要的一种控制措施。例如，对于辐射中高频噪声的大口径管道，将它的出口朝向上或朝向野外；对车间内产生强烈噪声的小口径高速排气管道，则将其出口引至室外，使高速空气向上排放。这样在改善室内声环境的同时也避免严重影响室外声环境。

（三）在接收点的噪声控制

为了防止噪声对人的危害，可在接收点采取以下防护措施：

1. 佩戴护耳器，如耳塞、耳罩、防噪头盔等。

2. 减少在噪声中暴露的时间。

合理地选择噪声控制措施是根据投入的费用、噪声允许标准、劳动生产效率等有关因素进行综合分析而确定的。

第三章 绿色建筑与节能

第一节 建筑能源利用

一、概述

建筑正在日益成长为能耗大户，全社会总能源的 20%~40%需要用于建筑，并且建筑能耗比例仍在攀升。建筑能耗是指建筑物在建造和运行过程中所消耗的能量。建造能耗包括建筑材料、构配件以及设备的生产、运输、施工和安装所消耗的能量；运行能耗包括建筑使用期间的空气调节、照明、电器和热水等所消耗的能量。建造能耗一般仅占总能耗的 10%，基本不会超过 20%，且该部分可归类于绿色建筑的节材与材料资源部分。因此，绿色建筑的核心是节能与能源利用，建筑节能的重点是有效降低建筑运行过程中的能耗。在绿色建筑的评价标准中，不管是设计评价还是运行评价，节能与能源利用所占的项目与比重都是最大的。

节能与能源高效利用的前提是要了解建筑能源的利用方式及能耗，包括建筑用能的类别和其分项用途。确定建筑能耗主要有两种方式：建筑设计阶段的能耗模拟和建筑运行阶段的能耗分项计量统计。两种方式简要介绍如下。

（一）建筑设计阶段的能耗模拟

能耗模拟是在建筑设计阶段，根据设计的建设围护结构和建筑使用方式，对每小时、每月、每年的建筑能耗进行模拟计算和预测分析。可以利用 TRNSYS 等软件对建筑暖通空调系统进行优化设计，降低运行能耗。建筑能耗模拟已成为绿色建筑设计的必要程序。需要注意的是，因为气候、使用条件等原因，模拟得出的能耗通常与实际能耗会存在一定的误差。

(二) 建筑能耗分项计量统计

能耗分项计量统计可以提供建筑各项能耗的准确数据。一般通过专业的能耗监测系统来实现。我国通过导则、标准和法规明确规定公共结构建筑应实施"分项计量"，且主要对象是国家机关办公建筑和大型公共建筑。建筑能耗分项计量数据能帮助业主进行建筑能耗使用情况统计、量化能耗数据、掌握能耗动态信息、找出节能降耗着手点、对比节能效果差异等，还可以帮助政府利用能耗量化考核指标及能源按量收费等经济指标杠杆效应，达到整体节能的目的。

在电力、燃气、煤及油产品等燃料类别中，建筑所用的主要燃料类别为电力和燃气，煤及油产品则很少使用。迫于节能减排的压力，燃煤和燃油锅炉在很多城市已经被禁止使用。

建筑用能的最终用途一般分为空气调节、照明、动力和其他特殊用电等。不同国家或地区对建筑能耗的划分统计也不尽相同。例如，我国香港特别行政区把商业及住宅建筑能耗细分为空气调节、照明、热水及冷冻、办公室设备、煮食和其他。

空气调节始终占据了建筑能源利用的大头。发明空调以来，炎热和高湿的气候就再也不是人们生活的噩梦，身处湿热的夏季仍可自如享受惬意的凉爽。大自然已经再无法对人类的室内环境造成影响。人们开始追求对室内舒适度的完全控制，恒温、恒湿，连新风量都要通过机械通风来控制。各种商业和公共建筑中，对空气质量的要求也在逐年上升，从而新风负荷也成为建筑冷负荷不可忽视的部分，部分建筑新风负荷甚至已经达到空调能耗的一半以上。设计师对建筑美观和独特造型的追求逐渐抛弃了以往厚重的围护结构，追求大开窗、全幕墙设计、钢架型结构、轻型设计，导致了建筑冷热负荷的大幅增加。所有这些因素使得空气调节能耗逐年上升，到现在已经占据了整个建筑能耗相当大的部分。根据建筑类别及其所处地区的不同，空气调节能耗占据建筑能耗的比例已达到20%~60%。

二、我国内地建筑能源利用

我国是建筑大国，城市发展而导致的建筑面积逐年增长是建筑能耗逐年上升的根本原因。

关于我国建筑能源利用的现状，之前曾有评价"建筑能源消费水平低、能源浪费严重、用能效率不高、能耗增长潜力大"，即建筑能源利用总量和效率都有很大的提升空间。我国建筑能耗主要呈现以下几个特点。

（一）建筑单位面积能耗水平较世界发达国家要低，但单位面积能耗数值在不断上升中

我国对于建筑的服务水平，特别是室内舒适度的要求远低于发达国家，并且我国建筑的体形系数比发达国家小。较低的单位面积能耗水平并不意味着建筑节能不重要，相反，这意味着我们在节能上要付出更多的努力。此外，随着生活水平的提高，单位面积建筑能耗正在不断上升。

（二）北方城镇采暖能耗大，南方采暖需求增加

我国北方总建筑面积约 75 亿 m^2，约 70% 的城镇建筑面积采用集中供暖，总采暖能耗约 1.42 亿吨标准煤/年，单位面积能耗为 3~20 千克标准煤/（m^2·年），占我国城镇建筑能耗总量约 40%；我国长江中下游流域建筑面积约 70 亿 m^2，目前采暖能耗小于 3 千克标准煤/（m^2·年），远小于北方采暖能耗，但目前采暖需求有逐渐增加的趋势。

（三）城乡建筑能耗差异大

我国由于城乡经济发展水平、生活质量的要求以及使用能源种类的差异，城乡建筑能耗差异达到 1 倍。建筑节能的重点仍然是城镇建筑。

（四）公共建筑，特别是大型公共建筑能耗高

我国公共建筑面积为 53 亿 m^2，占全国建筑面积的 14.7%，但其建筑能耗却占了当年总建筑能耗的 21.7%。而占公共建筑 4% 面积的大型公共建筑，却占据了公共建筑能耗的 15.7%，每平方米每年的耗电量高达 70~350kW/h，约为住宅的 10~20 倍，是能源消耗的高密度区。

三、能源利用与节能技术分析

以上简述了典型地域的建筑能耗利用的总体情况和建筑分项能耗。可以看出，建筑能耗在国家能源消耗中占据着绝对重要的地位。建筑能耗分析不但为建筑节能提供方向和动力，同时也是绿色建筑设计的要求。

绿色建筑中，节能与能源利用主要包括三个方面：降低建筑能耗负荷，提高系统用能效率，使用可再生能源。如果说之前建筑能源利用的目标是节能减排，那么近期对建筑能

源利用的要求则更进一步，是（近）零能耗。

目前，国际上对零能耗建筑有三种理解，分别是净零能耗建筑、近零能耗建筑和迈向零能耗建筑，这些理解的主要区别源于对零能耗目标的期待。但不管是何种零能耗建筑或零碳建筑，都是要实现节能降耗减排的目标。不少国家或地区已根据各自发展实际，制订了自己的零能耗建筑中长期发展规划。要最大限度地实现建筑节能，达到（近）零能耗建筑的目标，主要有四个途径：

一是被动式节能技术降低建筑冷热负荷，是建筑节能甚至是零能耗建筑的基础。

二是高性能建筑能源系统，主要是主动式节能技术的利用，是实现建筑节能的重要途径。

三是可再生能源的建筑一体化设计，是实现零能耗建筑的关键。

四是零能耗运行策略，是实现零能耗建筑的保障。再优秀的设计，如果无法得到有效运行，也难以达到目标。

如果要系统性提高建筑整体用能效率，实现（近）零能耗建筑，这四个途径的顺序不能任意颠倒。不采用被动式节能技术，即使能源系统效率再高，也难以实现有效节能；而即使全部能量都使用可再生能源，但不采用节能措施，也不能称为绿色建筑，因为它造成了不必要的能源浪费。

第二节　被动式节能技术

一、概述

被动式节能是近年来非常流行的一种建筑设计方法与理念。它主要指不依赖于机械电气设备，而是利用建筑本身构造减少冷热负荷，注重利用自然能量和能量回收，从而降低建筑能耗的节能技术。具体来说，被动式节能技术就是在建筑规划设计中，通过对建筑朝向和布局的合理布置、建筑围护结构的保温隔热技术、遮阳的设置而降低建筑采暖、空调和通风等能耗。目前，一般把自然通风以及用于强化自然通风效果的辅助机械设备（如泵、风机和能量回收设备等）归类于被动式节能技术。

被动式节能技术虽然包含许多新的技术，但它并不是一个新的概念。中国传统建筑一般都非常巧妙地利用了高效的围护结构、自然通风、自然采光等被动式节能技术来实现节能的目的。例如，我国典型的徽派建筑、岭南建筑等，建筑天井小、四周阁楼围合。建筑自身构成一个烟囱效应的通风口，在带走室内热气的同时，室外凉风可从建筑阴影区底部进入，形成自然的通风廊道散热。又如，我国北方的土筑瓦房，土层厚、保温隔热好，并且采用三角形拱顶结构，有充分的容纳热气的空间，质朴的设计却实现了高效的节能结果。此外，北方地区的窑洞还可以充分利用土壤层与室外的温差，自然而然地实现了冬暖夏凉的效果，除了采光受限外，可称得上是最早的低能耗建筑。

被动式节能技术的流行是因为人们对自然环境的关注，以及碳排放的压力。不断增长的建筑能耗使得节能减排的压力也在不断增长，使得节能技术，特别是被动式节能技术日益受到重视和流行，传统建筑的一些设计理念又逐渐回归。

被动式节能技术的利用可以使得建筑的冷热负荷大幅降低。在寒冷地区，通过高效的保温措施，并充分利用太阳、家电及热回收装置等带来的热能，不需要主动热源的供给，就能使房屋本身保持一个舒适的温度，消耗的能源非常少。现在，这种基于被动式节能技术建造的建筑又被称为被动式节能屋或被动式房屋。它不仅适用于住宅，还适用于办公建筑、学校、幼儿园、超市等。

被动式房屋不但有独栋房屋，还有公寓、学校、办公楼、游泳馆等。特别是多层建筑，更能体现它的优势。被动式节能技术应用于不同气候条件时，其基本方式是一致的，特别是保温、窗户和遮阳的设计，但却不能直接复制应用，应根据不同地区的气候条件予以调整和优化。在寒冷地区建筑的主要需求是采暖，因此更关心墙体厚度、保温层厚度、采光的设计。而在夏热冬暖地区建筑的主要需求是制冷、除湿，因此遮阳、通风以及热回收才是建筑设计关注的重点。被动式房屋起源于欧洲寒冷地区，在我国多样化的气候条件中应用时，可以借鉴但却不能照搬。被动式节能技术的方式多样，下面就典型的被动式节能技术进行介绍。

二、外围护结构节能技术

建筑围护结构分透明和不透明两部分：不透明围护结构有墙、屋顶和楼板等；透明围护结构有窗户、天窗和阳台门等，将室内外环境隔离开来，是决定室内环境质量的重要因素。寒冷和严寒地区冬季采暖负荷高，炎热地区夏季制冷负荷高。这些冷热负荷大部分是由于建筑外围护结构与外界环境的热交换造成的。有效的围护结构可以形成良好的保温隔热系统，从而大幅降低建筑的冷热负荷，进而降低建筑能耗。设计良好的外围护结构可以降低湿热地区高层公寓楼36.8%的峰值负荷，可节能31.4%。低能耗建筑的一个显著的特点就是具备高效的保温隔热系统。因此，降低建筑空调能耗的重点是提高建筑围护结构的热力学性能，降低传热系数，提高气密性，从而减少热损失。下面对主要的围护结构节能技术及其最新进展进行介绍。

（一）高效能的建筑外墙保温技术

满足建筑节能 50% 的节能外墙，其构造主要有四种：单一材料节能外墙、外墙内保温系统、夹芯保温外墙、外墙外保温系统。

单一材料节能外墙仅限于用保温砂浆砌筑的加气混凝土砌块和煤矸石多孔砖等少数几种材料，且墙体厚度较大，在窗口等热桥部位还需要做保温处理，局限性较大，用量较小；外墙内保温系统则面临热桥问题难以解决、占用室内空间较多、保温层及内粉饰层易开裂、不便于二次装修等许多缺点；夹芯保温外墙最大的优点是内外粉饰均不受影响，且造价较低，但这种做法施工比较麻烦、不易拉结、安全性较差、不易保证工程质量且因保温层不连续，存在较严重的热桥问题、结露问题。

目前比较流行的是外墙外保温系统，设置在建筑物外墙外侧，由界面层、保温层、抗裂防护层和饰面层（面砖或涂料）构成，对建筑物能起到冬季保温、夏季隔热和装饰保护的效果。保温层通常通过黏结或/和机械方式固定到基底上。外墙外保温系统使用寿命较长，平均为 30 年，有的甚至达到 40 年。

外墙外保温系统通常以膨胀聚苯板为保温材料，采用专用胶黏剂粘贴和机械锚固方式将保温材料固定在墙体外表面上，聚合物抹面胶浆作保护层，以耐碱玻纤网格布为增强层，外饰面为涂料或其他装饰材料而形成的。保温材料也可以是 XPS、PU 等其他材料。

外墙外保温系统是欧美发达国家市场占有率最高的一种节能技术，适用地区和范围非常广，包括寒冷地区、夏热冬冷地区和夏热冬暖地区的采暖建筑、空调建筑、民用建筑、工业建筑、新建筑、旧建筑、低层、高层建筑等均可采用。外墙外保温系统有许多优点：外保温可以避免产生热桥；外保温的基层墙体在内侧，具有蓄热好的优点，可减小室温波动，舒适感较好；外保温可减少夏季太阳辐射热的影响，使建筑物内冬暖夏凉；外保温可提高外墙内表面温度，即使室内的空气温度有所降低，也能得到舒适的热环境；外保温可使内部的实墙免受室外温差的影响及风霜雨雪的侵蚀，从而减轻墙体裂缝、变形、破损，以延长墙体的寿命；外保温不会影响室内装修，并可以与室内装修同时进行；外保温适用于旧房改造，施工时不会影响住户的生活，同时会使旧房外貌大为改观。

外墙外保温系统选用的保温材料，对保温层厚度、施工工序、工期和造价等有很大的影响。外墙外保温系统的保温材料的种类很多，常用的有膨胀聚苯板、挤塑聚苯板、聚苯颗粒浆料、聚氨酯硬泡体、矿棉、玻璃棉、泡沫玻璃、纤维素和木质保温隔热材料等。从这些保温材料的技术性能来看，各种性能较好的材料是聚氨酯硬泡体和挤塑聚苯板。但从技术成熟度及应用来看，膨胀聚苯板则是目前使用最广泛的绝热材料，已占据德国 82% 以上的市场，在我国也有较为广泛的应用。

膨胀聚苯板是用含低沸点液体发泡剂的可发性聚苯乙烯珠粒经加热预发泡后，在模具中加热成型。它具有自重轻和极低的导热系数的优点。膨胀聚苯板的吸水率比挤塑聚苯板偏高，容易吸水，这是该材料的一个缺点。膨胀聚苯板的吸水率对其热传导性的影响明显，随着吸水量的增大，导热系数也增大，保温效果随之变差，在使用时要特别注意。

除了膨胀聚苯板等常用的保温隔热材料外，还有许多新型的绝热材料被研发应用，效果优异的材料主要包括气凝胶保温材料、真空保温材料等。

气凝胶保温材料是绝热性能非常优异的一种轻质纳米多孔材料，它具有极小的密度和极低的导热系数，非常薄的材料即可达到非常好的绝热效果。气凝胶是由胶体粒子相互聚集构成的，一般呈链状或串珠状结构，直径为 2~50nm，其内部孔隙率在 80% 以上，最高可达 99%。从形态上说，典型的 SiO_2 气凝胶可以制成颗粒、块状或者板状材料。气凝胶密度为 $0.05~0.2g/cm^3$，是世界上最轻的固体，被誉为"固体的烟"。气凝胶常温下的导热系数低至 $0.015W/(m \cdot K)$，是目前已知绝热性能最好的固体材料。但由于气凝胶制备较为复杂且强度不高，因此一般与其他材料结合加工成板材等复合绝热材料。目前国内外已有多家公司制作出以气凝胶为填充物、聚酯纤维等材料作为内芯的隔热板材。这种材料集超级隔热、耐高温、不燃、耐火焰烧穿、超疏水、隔音减震、环保、低密度、绝缘等性能于一体，非常适合于建筑节能墙体材料。

真空保温材料通常采用微孔硅酸作为支撑，硅酸表面包裹一层薄膜，多借助滑道或黏合剂进行固定。真空保温材料的导热系数为 $0.007~0.009W/(m \cdot K)$，其保温性能优于传统的保温材料 10 倍，2cm 厚的真空保温层的保温效果相当于 20cmEPS 板的保温效果。但真空保温材料极易受损，且需要进行现场质量控制，相对于传统保温材料费用较高。保温材料的厚度是随着节能意识的提高以及对保温层作用的了解而逐渐增加的。保温层厚度为 20cm 时，经济性能比达到最佳，因此，在新建低能耗住宅外墙保温层的厚度都在 19~20cm，而被动式房屋中，如果采用膨胀聚苯板，外墙保温层厚度一般为 24~30cm，但应注意的是，保温层厚度的确定也与保温材料的选择有关。例如，选用挤塑聚苯板时，因为挤塑聚苯板的导热系数比膨胀聚苯板小，所以厚度可适当降低。另外，保温层也不是越厚越好，保温层越厚，其表面变形越大，对外粉饰产生裂缝的厚度以满足节能设计的标准为宜。

（二）屋顶和地面

建筑围护结构中，屋顶是受太阳辐射和其他环境影响最大的部分，也是建筑得热的主要部分，特别是对于大面积屋顶的建筑，如展览馆、音乐厅、运动馆等。因此，要提高建筑综合热性能，就必须重视屋顶的热性能表现。低能耗建筑对屋顶的传热系数 U 值的限制也在不断加强。典型的屋顶绝热系统由屋面、隔热层和反射层组成。反射层通过反射阳光而减少对太阳辐射的吸收，进而降低建筑的热负荷。反射层一般为铝箔等材料或涂料，其性能一般用太阳反射率（SR）和红外辐射率来表示。增大 SR 或红外辐射率可以降低屋顶温度。传统屋顶的 SR 一般仅为 0.05~0.25，而带有反射层的屋顶的 SR 可以达到 0.6，甚至更高。例如，白色弹性涂层或铝涂层可以把 SR 提高到 0.5，甚至更高。对部分产品来说，SR 的增加还与涂层厚度有关。发现：带反射涂层的屋顶，其最高屋顶温度可以降低 33~42℃；对于单层商业或工业建筑，高 SR 的屋顶可以降低制冷负荷 5%~40%，峰值负荷 5%~10%。屋面保温隔热材料一般分为两类。

一是板材型材料，如 XPS 板、EPS 板、硬泡聚氨酯板（PU）、玻璃纤维、岩棉板。

二是现场浇注型材料，如现场喷涂硬泡聚氨酯整体防水屋面。研究表明：使用 XPS 板或 PU 板作为绝热层的屋顶能比不使用绝热层的同类屋顶减少 50% 以上的热负荷，保温隔热材料的厚度可根据节能标准进行设计，被动式房屋一般要求保温隔热材料的厚度为 24~30cm。

除了屋顶绝热系统外，还有很多优秀的被动式节能技术可以应用于绿色建筑的屋顶中来降低建筑热负荷，例如通风屋顶、拱顶、绿色屋顶、蒸发冷却屋顶、光伏屋顶等。

拱顶适用于炎热和干燥地区，比如中东地区的传统建筑。通过对拱形屋顶和平面屋顶热性能研究发现，拱形屋顶可以在白天有效地反射太阳直射辐射，也可以在夜晚更快速地散热。在应用拱顶的建筑中，75% 的热分层出现在拱形区域，从而使得建筑下部的空间相对凉爽。

绿色屋顶更符合绿色建筑的概念。绿色屋顶是在屋顶全部或部分种植植被，一般由防水膜、生长介质（水或土）以及植被组成，也会包含有防水层、排水和灌溉装置。绿色屋顶不仅能反射太阳光，还可以作为屋顶额外的隔热层。与传统屋顶的对比发现：传统屋顶吸收了 86% 的太阳辐射，仅反射 10%，而绿色屋顶仅吸收 39%，反射却达到 23%。绿色屋顶更适用于没有良好保温隔热的建筑，它可以提高建筑的隔热，但不能取代屋顶隔热层。绿色屋顶的附加载荷一般为 1 200~1 500N/m²，这对多数建筑来说不会造成影响。

蒸发冷却屋顶利用水的蒸发潜热来冷却屋顶，适用于炎热地区。它利用屋顶的浅水池或在屋顶覆盖湿麻布袋，在夏季可以降低 15~20℃ 的室温。

光伏屋顶在屋顶覆盖光伏组件，不但可以降低对太阳辐射的吸收、增强对屋顶的保护，还可以在白天产生可观的电力。

地面在建筑围护结构中的作用略小，但对于体形系数较大的建筑，地面传热也是建筑得热和热损失的一个重要影响因素。为获得较好的保温效果，被动式房屋要求地面保温层厚度应大于 25cm。

（三）无热桥设计

建筑围护结构中的一些部位，在室内外温差的作用下，可形成热流相对密集、内表面温度较低的区域。这些部位成为传热较多的桥梁，故称为热桥，有时又称冷桥。所谓热桥效应，即热传导的物理效应，由于楼层和墙角处有混凝土圈梁和构造柱，而混凝土材料比起砌墙材料有较好的热传导性（混凝土材料的导热系数是普通砖块导热系数的 2~4 倍），同时由于室内通风不畅，秋末冬初室内外温差较大，冷热空气频繁接触，墙体保温层导热不均匀，产生热桥效应，造成房屋内墙结露、发霉，甚至滴水。热桥效应是由于没有处理好热传导（保温）而引起的。热桥效应在砖混结构的建筑中出现较多。常见的热桥包括外墙周边的钢筋混凝土抗震柱、圈梁、门窗过梁，钢筋混凝土或钢框架梁、柱，钢筋混凝土或金属屋面板中的边肋或小肋，以及金属玻璃窗幕墙中和金属窗中的金属框和框料等，要使建筑保温隔热系统发挥良好的作用，除了保温材料和厚度的选择外，加强关键节点的设计与施工，避免热桥非常重要。实现无热桥要求建筑物必须无疏漏地包裹在保温层里，避免穿透保温隔热平面的构件，避免结构件外突的建筑部件。阳台最好能处理成自承重移前的构件，采用预安装结构等，可将热桥最小化。

（四）良好的气密性

低能耗建筑应有良好的气密性。部分建筑无法做到很好的密封，使建筑内部与外界有太多的空气交换，从而大大增加了冷热负荷。

要形成良好的密封，建筑围护结构关键部位（如窗洞口、空调支架与栏板、穿墙预埋件、屋顶连接处、建筑物阴阳角包角等）应采用相应的密封材料和配件隔绝传热，确保保温系统的完整性。主要的密封方法包括玻璃纤维密封、闭孔喷涂泡沫密封、开孔喷涂泡沫密封等。

三、节能窗技术

窗户是建筑保温、隔热、隔音的薄弱环节。为了增大采光面积或体现设计风格，建筑物的窗户面积越来越大。更有全玻璃的幕墙建筑，33%~40%建筑围护结构热损失从窗户"悄然流失"，是建筑节能的重中之重。因此，窗户是节能的重点，并单独列为一种被动式节能技术。窗户既是能源得失的敏感部位，又关系到建筑采光、通风、隔声、立面造型，这就对窗户的节能技术提出了更高的要求，其节能处理主要是改善材料的保温隔热性能和改进窗户构造，并提高窗户的密闭性能。

评价窗户热性能的主要参数是传热系数 U 值。为解决大面积玻璃造成的热量散失问题。目前节能标准中对窗户传热系数 U 值的要求也越来越高。各种中空玻璃、镀膜玻璃、Low-E 玻璃、三玻保温窗等逐渐成为市场主流，常见的保温隔热玻璃的参数见表 3-1。

表 3-1　常见保温隔热玻璃的性能参数

玻璃类型	结构	透光率	遮阳系数	Ug 值,W/(m² · K)
单层玻璃	6	89%	0.99	~6
单层热反射玻璃	6	40%	0.55	5.06
中空玻璃	6+12A+6	81%	0.87	2.72
双玻,Low-E	6+12A+6LowE	39%	0.31	1.66
双玻,Low-E,氩气填充	–	–	–	1.1
双玻,气凝胶填充	–	–	–	1.1
三玻,Low-E,氩气填充				0.65

节能效果非常显著的三层玻璃保温窗在欧美地区开始流行，其采用三玻两腔结构（双Low-E、双暖边、充氩气或氪气），窗框体通常采用高效的发泡芯材保温多腔框架，具有超强的保温性能。玻璃值一般为 0.7W/（m² · K），窗框值达到 0.7W/（m² · K）。当然，三层玻璃内腔填充氩气的节能窗造价较高。

三层玻璃保温窗不仅能减少热量损失，而且还能增加舒适度。当室外温度为-10℃，室内为20℃时，若采用双层玻璃保温窗，则窗户内侧玻璃的温度约为 8℃；若采用三层玻璃保温构造节能窗，则窗户内侧玻璃的温度可高达 17℃，在靠窗区域不会觉得寒冷，舒适度大为提升。

除了窗户本身节能外，窗户的安装方式及安装位置、窗户的密封对于提高窗户的气密性都有很大的作用。被动式房屋窗户是安装在外墙外保温的中部，即窗框外侧凸出外墙一部分，窗框外侧落在木质支架上，同时借助于角钢或小钢板固定，整个窗户被嵌入保温层约1/3的厚度。窗户密封采用防水材料，如建筑用连接铝或者合适的丁基胶带，胶带可用灰浆嵌入安装。外部密封可采用压缩、浸渍和敞孔的密封条，如人工树脂阻燃的聚氨酯泡沫材料。

四、遮阳

在夏热地区，建筑遮阳或许是成本最小且最为立竿见影的被动式节能技术。在低能耗建筑等节能建筑标准中，一般会对通过窗户进入到室内的太阳光得热进行限制。遮阳对降低建筑能耗，提高室内居住舒适性有显著的效果，遮阳的种类主要有窗口、屋面、墙面、绿化遮阳等形式，其中窗口无疑是最重要的。窗户作为室内采光的主要通道，同时也是建筑得热的主要途径。因此，在需要制冷的季节，需要对建筑，特别是窗户进行遮阳，以减少建筑的得热和冷负荷。

建筑遮阳，针对不同朝向和太阳高度角可以选择水平遮阳、竖直遮阳或者挡板式三种方式。水平遮阳适用于窗口朝南及其附近朝向的窗户。竖直遮阳适用于窗口朝北及北偏东及偏西朝向的窗户。例如，在建筑西立面中的西晒问题，由于太阳高度角偏低，水平遮阳的阻挡有限，垂直遮阳可以很好地解决。挡板式适用于窗口朝东、西及其附近朝向的窗户，但此种遮阳板遮挡了视线和风，通常需要做成百叶式或活动式的挡板。

以上三种遮阳都可以做成外遮阳、中置遮阳和内遮阳三种形式。外遮阳的最大优势是在遮挡太阳直射光的同时也把太阳直接辐射阻隔在外，遮阳效果优于中置遮阳和内遮阳。

建筑外遮阳可以是固定的，也可以是活动的。固定的建筑遮阳结构如遮阳板、屋檐等。活动式外遮阳如百叶、活动挡板、外遮阳卷帘窗等。相对来说，活动式外遮阳因为可以调节效果更优。传统单层或多层建筑多依靠屋檐或挑檐的设计涵盖遮阳的功能，现代建筑多采用遮阳板、百叶等方式实现外遮阳。优秀的外遮阳应具备遮阳隔热、透光透景、通风透气等特点。外遮阳卷帘是一种有效的外遮阳措施：完全放下的卷帘能遮挡住几乎所有的太阳辐射；此外卷帘与窗户玻璃之间保持适当距离时，还可以利用烟囱效应带走卷帘上的热量，减少热量向室内传递。百叶帘既可以升降，也可以调节角度，在遮阳和采光、通风之间达到了平衡，因而在办公楼宇及民用住宅上得到了很大的应用。

值得注意的是，外遮阳在建筑立面上非常明显，设计不好便会影响美感，而且还有造价的压力，还有可能在强风中变成安全隐患。导光百叶和挡板式中置遮阳内遮阳时，太阳辐射穿过玻璃会使室内窗帘自身受热升温，这部分热量实际上已经进入室内会使室内的温度升高，因此遮阳效果较差。

内遮阳一般是在外遮阳不能满足需求时的替代做法，窗帘、百叶都是常见的内遮阳方式。对于现代建筑，内遮阳安装、维护方便，对建筑外观无影响，因此使用较多。此外，内遮阳的使用者更容易接近和控制，可以根据自己的喜好调整内遮阳板、帘来提高舒适度。

玻璃自遮阳：利用窗户玻璃自身的遮阳性能，阻断部分阳光进入室内。遮阳性能好的玻璃常见的有吸热玻璃、热反射玻璃、低辐射玻璃（Low-E玻璃），以及近年来得到应用的热致变色和电致变色玻璃等。

吸热玻璃可以将入射到玻璃30%~40%的太阳辐射转化为热能被玻璃吸收，再以对流和辐射的形式把热能散发出去。热反射玻璃是在玻璃表面形成一层热反射镀层玻璃。热反射玻璃的热反射率高，同样条件下，6mm浮法玻璃的总反射热仅16%，吸热玻璃为40%，而热反射玻璃则可高达61%。热致变色玻璃可以根据环境温度对红外光透过率进行自动调控，在夏天阻挡红外光进入室内，从而可以实现冬暖夏凉的效果。热致变色玻璃主要利用二氧化钒的可逆相变特性。电致变色玻璃可以在电场作用下调节光吸收透过率，可选择性地吸收或反射外界的热辐射和内部的热扩散，不但能减少建筑能耗，同时能起到改善自然光照程度、防窥探的目的。这几种玻璃的遮阳系数低，具有良好的效果。值得注意的是，前两种玻璃对采光有不同程度的影响，而低辐射玻璃的透光性能良好。此外，利用玻璃自遮阳时，需要关闭窗户，从而影响房间的自然通风，使滞留在室内的部分热量无法散发出去。因此，玻璃自遮阳必须配合必要的其他遮阳产品，取长补短。

多孔墙面是一种非常有效的建筑外墙遮阳技术。这样的外遮阳不但可以做到不影响立面效果，同时还便于通风。多孔墙面不是高新技术，早在伊朗、印度等很多干热和湿热地区的传统建筑中出现。此外，建筑可以通过合理选择朝向，处理好建筑立面，进行被动式的遮阳或自遮阳，通过建筑构件本身，特别是窗户部分的缩紧形成阴影区，形成自遮阳；或是利用建筑互相造影形成建筑互遮阳。扭曲的形体可以形成建筑自遮阳。但是，自遮阳在设计时，应避免对冬季的采暖造成影响。

五、采光技术

低能耗建筑的设计应在可能的前提下，充分利用自然光。设计良好的采光系统可以减少室内照明的需求，甚至可以在白天的部分时段完全关掉照明。采光不但能减少照明能耗，还可以提高室内舒适度。建筑采光可分为被动式采光和主动式采光。被动式采光技术主要指利用不同类型的窗户进行采光，而主动式采光则是利用集光、传光和散光等装置将自然光传送到需要照明的部位。虽然主动式采光有"主动式"的称呼，但因为它基本不消耗能量而节约了照明能耗，所以在本章中仍把它归类于被动式节能技术。下面从节能的角度讨论采光技术。

（一）被动式自然采光

开窗或开口是最常用的自然采光方式，根据采光位置一般有侧窗采光、天窗采光、混合采光三类。从节能的角度来考虑，建筑的自然采光不应是独立的窗户及开口，而应该是与室内舒适度和节能等因素一起构成的建筑采光系统。例如，尽管大开窗甚至是落地窗可以让更多的阳光进入室内，同时也可能增大夏季的冷负荷或加快冬季室内热量的流失。

自然采光建筑设计的一个基本的要点是优化建筑空间布局，以下是一些非常实用的采光建筑设计原则。

限制房间纵深，增大建筑的周边区域面积。在单侧窗采光条件下，光线在室内的传播是有距离限制的。因此，限制室内南北方向的纵深、增大室内周边自然采光的面积，可以让尽可能多的光线进入室内。双侧窗采光可以起到弥补房间纵深的作用。

高侧窗或天窗采光。位于较高位置的开窗、天窗等设计都可以使得自然光获得更大的进深。普通单侧窗的位置较低，光线分布不均匀，近窗处亮，远窗处暗，使房间进深受到限制，并且易形成直接眩光。而高侧窗采光的室内照度均匀度要远优于普通单侧窗。仅一半面积的高侧窗即可达到相应普通双侧窗采光的室内照度分布。为了可以实现高侧窗采光，建筑的天花板可以采用开放式设计，即不安装吊顶。

利用遮光板增加日光的进深以提升室内亮度。遮光板可以把阳光反射到天花板上，然后通过反射和散射让更多的阳光进入室内更深的空间。遮光板可以是水平的或带有一定的角度或弧度，一般置于视线以上的开窗上。可调节遮光板可以根据太阳位置对角度进行调节而让更多的阳光进入室内。遮光板多与置于同等高度的外遮阳装置共同使用。

根据建筑朝向采取合适的采光措施。例如，前面提到的遮光板在南向的开窗非常有效，但对于东向或西向的开窗效果就大打折扣。高效的采光系统是让更多的可见光进入室内，而不是更多的热量。窗户大小以满足采光要求为限，大开窗在增加室内亮度的同时也会在夏季带来不必要的得热或是在冬季造成不必要的热损失。这可以通过前文所述的高效绝热玻璃来实现。窗户玻璃应采用普通透明玻璃或淡色低辐射镀膜的中空玻璃，不建议采用可见光透过率低的深色镀膜玻璃或着色玻璃。最新的技术是采用热致变色玻璃和电致变色玻璃，在较强的太阳辐射时将玻璃变成深色，以减少得热。

（二）主动式采光

在很多建筑中，往往无法安装窗户以提供自然采光，如地下室、车库、走廊等，或自然采光的强度不足以满足室内光舒适度的要求，如进深较大的房间。主动式采光系统可以在一定程度上满足这些场合的采光需求。它利用机械设备来增强对日光的收集，并将其传输到需要的地方。主动式采光系统又称导光系统，主要包括导光管系统、光纤导光系统等，它们的主要区别是光传输的介质不同。

导光系统主要由集光、传输和漫射三部分构成，它利用集光器把室外的自然光线导入系统内，再经特殊制作的导光管或光纤传输和强化后由系统底部的漫射装置把自然光均匀高效地照射到室内。导光管可以是直管或弯管，导光管内壁会镀有多层反光膜以确保光线传输的高效和稳定，其全反射率达到 99.7%，传输距离达 20m 或更长。光纤导光系统主要利用两层折射率不同的玻璃组成的光导纤维来传输光。光导纤维内层为直径几微米至几十微米的内芯玻璃，外层玻璃直径 0.1~0.2mm，且内芯玻璃的折射率约比外层玻璃大 1%。根据光的折射和全反射原理，当光线射到内芯和外层界面的角度大于产生全反射的临界角时，光线透不过界面而是全部反射。光线在界面经过无数次的全反射，以锯齿状路线在内芯向前传播，最后传至纤维的另一端。

六、通风技术和设备

建筑群的设计应通过建筑物的布局使建筑之间在夏季形成良好的自然通风，以降低室内的热负荷。建筑群采用周边式布局形式时，则不利于形成自然通风。一种较好的做法是把低层建筑置于夏季主导风向的迎风面，多层建筑置于中间，高层建筑布置在最后面；否则，高层建筑的底层应局部架空并组织好建筑群间的自然通风。

低能耗建筑宜采用自然通风。在春秋季或热负荷较小时，宜利用自然通风来降低室内的热负荷，达到制冷要求。机械通风的风机每年会消耗大量的能量，自然通风还可以大幅度减小机械通风风机的能耗。由表 3-2 可知，自然通风为主的建筑，其每年风机能耗小于 $10kW \cdot h/m^2$。

表 3-2　不同通风类型建筑的风机能耗

建筑类型	年风机能耗（kW·h/m²）
气密性好的建筑	70~100
全空气系统	30~70
自然通风为主的建筑	<10

在需要制冷或供热的季节，因为无法使用自然通风，为了满足人员对新风的需求和空气交换卫生方面的要求，必须使用机械通风系统。机械通风系统不但能够提供足量的新风，还可以确保室内水蒸气排出室外，保持室内湿度适中，避免水蒸气破坏建筑构件，产生结露，可以排出有害物质和异味，保证室内空气质量。此时，为了减少排风的能量损耗，需要使用带热回收的排风和送风系统。在夏季，热回收送风系统利用排气的冷量对新风进行冷却；在冬季则利用排气的余热对新风进行加热。热回收效率与热回收装置的热交换效率有关。热回收装置包括叉流板式热交换器、逆流式热交换器、转轮式热交换器，其热交换效率都在75%以上。

七、被动式采暖技术

低能耗建筑的采暖方式以被动式为主，兼具优化主动式采暖系统。被动式采暖的建筑本身起到了热量收集和蓄热的作用。通过建筑朝向，周围环境布置，建筑材料选择和建筑平、立面构造等多方面的设计，使建筑物在冬季能最大限度地利用太阳能采暖而夏季又不至于过热。被动式采暖主要有窗户和墙体采暖两种方式。

通过窗户的直接得热可以满足建筑的部分热负荷。窗户作为集热器，而建筑本身提供蓄热。要增加通过窗户的直接得热，需要加大房间向阳立面的窗，如做成落地式大玻璃窗或增设高侧窗，让阳光直接进到室内加热房间。这样的窗户需要配有保温窗帘或保温窗扇板，以防止夜间或太阳辐照较低时从窗户向外的热损失。同时，窗户应有较高的密封性。

集热蓄热墙体把热量收集和蓄热集于一身，同样可满足建筑的部分热负荷。集热蓄热墙利用阳光照射到外面有玻璃罩的深色蓄热墙体上，加热玻璃和厚墙外表面之间的夹层空气，通过热压作用使空气流入室内向室内供热。室内的空气可以通过房间底部的通风口进入该夹层空间，被加热的空气则通过顶部的开口返回到室内。墙体的热量可以通过对流和辐射方式传递到室内。集热蓄热墙非常适用于我国北方太阳能资源丰富、昼夜温差比较大的地区，如西藏、新疆等，可大幅减少这些地区的采暖能耗。

通风管道入口安装有外置的带孔黑色金属板构成的太阳能集热器，在冬季需要采暖时，冷空气流进太阳能集热器而被加热变成热空气送入建筑内部。与集热蓄热墙的原理类似。

采用被动式采暖技术的前提是建筑的密封性较高。对于外围护结构 U 值小于 0.15W/（m² · K）的被动式房屋，当采暖负荷低于 10W/m² 时，通过带有热回收装置的新风系统加热新风以及建筑自身得热，即可以维持室内温度在 20℃ 以上，不再需要常规的采暖。在夏季也足以抵抗太阳辐射不传到室内。

八、建筑热质与相变材料

建筑热质是建筑中具有较大比热的材料，包括外墙、隔墙、天花板、地板、家具等能储存热量并随后释放的材料。热质可以通过热量的吸收和释放来缓解室内温度的快速变化，对冷热负荷起到削峰填谷的作用。要使热质的蓄热起到较好的节能效果，日温差应大于 10℃。这种被动式节能技术特别适用于办公室等白天使用、夜晚通风冷却的建筑。较大的热质可以降低建筑的峰值负荷，从而可以使用较小的空气调节系统，减少设备的初始投资和运行费用。

相变材料蓄热技术利用相变材料储存并释放热量来降低建筑的冷热负荷。相变材料的作用和热质类似，但单位体积的相变材料的蓄热能力要远远大于建筑热质。

九、被动式节能建筑范例

被动式节能技术的基本原则就是能效。它的理念是在低耗能的条件下，得到极为舒适的生活环境。杰出的保温墙体、创新的门窗技术、高效的建筑通风、电器节能都是解决能效的基础。下面介绍几个比较典型的使用被动式节能技术的建筑范例。

（一）可再生能源实验室零能耗办公楼

可再生能源实验室零能耗办公楼属于单体建筑。该建筑旨在作为一个净零能耗未来的蓝图，以推动建筑行业追求低能耗和净零能耗。该建筑根据当地的气候、场地、生态进行设计，是对灵活、高性能工作场所渴求的直接回应，采用了许多被动式节能设计的综合策略。

该建筑外墙采用预筑混凝土隔热板，可以提供较大的热质，从而缓解室内温度变化。建筑的地板提升了 0.3m，下部的空隙用于电气系统走线和独立新风系统的管道。在建筑地板的抬升区采用混凝土构成的迷宫设计。迷宫可以储存热能，然后通过地板送风系统为建筑提供被动式供暖。

该建筑的窗户采用了多项被动式节能技术。东向窗户采用了热致变色玻璃，可减少冬季的热传递。南向窗户上半部分采用了百叶窗，可以把夏季高入射角的直射光变成30°向上的光投射到屋顶上，避免阳光直射进入建筑内部。南面窗户的下半部分采用了外遮阳和自动或手动调节窗户。外遮阳可以反射阳光并对下半部分的窗户进行遮挡。窗户采用了电致变色玻璃，在傍晚的时候可以变色以减少得热或热损失。自动或手动调节窗户可以调节窗户的开闭以促进自然通风。

该建筑设计最大限度地利用自然光照明。每个办公位的最大高度为0.76m，距离最近窗户的距离都小于9m，从而所有的办公位都可采用自然光照明。建筑的办公区采用开放式吊顶把散射光引入建筑中心。另外，内墙的高反射涂料也可以最大化地利用自然光照明。

建筑在非空调季节充分利用自动或手动调节窗户来实现自然通风。在空调季节则关闭窗户采用独立新风系统送风，新风管道入口安装有外置的太阳能空气集热器。在冬季需要采暖时，冷空气流进带孔的黑色金属板集热器而被加热，热空气被吸进，布置在迷宫中的通风管道送入建筑内部，实现被动式供暖。

（二）中国建筑科学研究院近零能耗示范楼

中国建筑科学研究院近零能耗示范楼，地上4层，建筑面积4 025m²，可以达到全年空调、采暖和照明能耗低于25kW·h/m²，冬季不使用化石能源供热，夏季供冷能耗降低50%，建筑照明能耗降低75%的能耗控制指标。

项目设计原则为"被动优先，主动优化，经济实用"。其被动式设计体现在降低建筑体形系数、采用高性能围护结构体系及无热桥设计、保障气密性等方面。

示范楼围护结构采用超薄真空绝热板，将无机保温芯材与高阻隔薄膜通过抽真空封装技术复合而成，防火等级达到A级，传热系数0.004W/（m²·K），外墙综合传热系数不高于0.20W/（m²·K）。示范楼采用三玻铝包木外窗，内设中置电动百叶遮阳系统，传热系数不高于1.0W/（m²·K），遮阳系数小于0.2。具有四道密封结构的外窗，在空气阻隔胶带和涂层的综合作用下，大幅提高门窗气密、水密及保温性能。中置遮阳系统可根据室外和室内环境变化，自动升降百叶及调节遮阳角度。示范楼还建有屋顶花园（绿色屋顶）和垂直绿化，不但美观，而且能有效降低建筑能耗。

在以上的示范建筑中，不仅使用了低成本的被动式节能技术，也使用了一些新的高科技技术。需要注意的是：被动式节能技术不应是高科技和高价材料的堆砌，而是要充分利用当地的资源和建筑传统，使其可以让公众消费得起，才能真正得到推广普及，而不仅仅是示范建筑。

第三节　主动式节能技术

一、概述

绿色建筑的节能体现在两个方面：降低建筑能耗负荷和提高系统用能效率。降低建筑能耗负荷主要通过被动式节能技术来降低空调负荷、通风负荷、热水、照明需求等，从源头上减少建筑能耗；而提高系统用能效率则体现在如下两个方面。

一是合理选用高能效设备，即通过设备来节能。

二是能源的合理利用，即通过管理来节能。提高系统用能效率是实现绿色建筑（近）零能耗的保障。

二、高能效建筑能源设备与系统

对建筑能源终端利用的分析已经表明，采暖、制冷、照明，以及通风和热水，构成了建筑能耗的主要部分。虽然被动式节能技术已经可以大幅降低这部分能耗的需求，但很难全部抵消。因此，降低这部分的能耗对建筑节能有着重要的意义。

照明系统节能技术主要通过采用绿色照明设备及亮度控制系统来实现。绿色照明设备包括节能灯（如紧凑型荧光灯等）、LED 灯等。节能灯的能耗为白炽灯的 30%，LED 灯的能耗则仅为荧光灯的 1/4。亮度控制系统也是照明系统节能的关键，多级亮度调节及间隔照明都可以大幅降低照明系统能耗。

中央空调是公共建筑最常采用的室内温湿度和通风控制设备，也是建筑节能的重点监控对象。建筑节能法规和标准对建筑设备的能效比的要求正在不断提高，下面对几种较为高效的空气调节节能技术进行探讨。

（一）变风量空调系统

变风量空调系统是目前较为流行的全空气空调系统。与定风量系统的送风量恒定送风温度变化不同的是，变风量空调系统送风温度恒定但送风量则根据室内负荷自动进行调节。变风量空调系统区别于其他空调系统的主要优势是节能，这主要来源于两个方面。

一是因为空调系统全年大部分时间部分负荷运行，而变风量空调系统通过改变送风量来调节室温，因此可以大幅度减少风机能耗。而定风量系统即使负荷降低，风机的能耗也仍是100%的状态。研究发现，变风量空调系统定静压控制可节能30%以上，变静压控制可节能60%以上。

二是在过渡季节可以部分使用甚或全部使用新风作为冷源，能大幅减少系统能耗。变风量空调系统的末端基本有五种形式，即节流阀节流型、风机动力型、双风道型、旁通型和诱导型。其中双风道型投资高、控制复杂，旁通型节能潜力有限，较少采用。目前使用较多的是节流型和风机动力型，例如北美多采用串联风机型加冷冻水大温差设计，北欧倾向于诱导型。另外，诱导型也多用于医院病房等要求较高的场合。

变风量空调系统按周边供热方式有变风量再热周边系统、变温度定风量周边系统等多种形式，可根据建筑类型和初投资进行选择。

（二）独立新风系统

独立新风系统一般由新风系统、制冷末端和冷水系统等组成。独立新风系统中，将新风独立处理到合适的温度和湿度，由新风承担室内全部湿负荷和部分或全部的显热负荷，其余的显热负荷由室内的末端制冷设备来承担，从而实现精确的室内热环境控制和调节。

独立新风系统通过减少冷源浪费和空气处理能耗来节能。由于除湿任务由除湿系统承担，从而显热系统的冷水温度可由常规冷凝除湿空调系统中的7℃提高到18℃左右，为使用天然冷源提供了条件，即采用机械制冷，减少了冷源的浪费。此外，独立新风系统的除湿与降温过程相互独立，可以满足不同房间热湿比不断变化的要求，克服了常规空调系统中难以同时满足温、湿度参数的要求，避免了室内温度过高（或过低）的现象。并且，由于室内相对湿度可以一直维持在60%以下，较高的室温就可以满足舒适度要求，既降低了运行能耗，还减少了由于室内外温差过大造成的热冲击对健康的影响。

此外，独立新风系统因为除湿在外部完成，室内无凝结水出现，无需凝结水盘和凝结水管路，同时也除去了霉菌等细菌滋生环境，改善了室内空气品质。

（三）溶液除湿技术

除湿负荷是湿热地区建筑空调负荷的重要部分，可以占到建筑空调负荷的20%~40%。

除湿技术一般有冷冻除湿、转轮除湿和溶液除湿三种，多配合独立新风系统或辐射供冷技术使用。冷冻除湿需要较低的冷冻水温度，一般为7℃或以下，需要低温制冷机技术且机组能效较低；转轮除湿需要高温热源来再生且无法进行热回收，效率较低；溶液除湿利用溶液除湿剂来吸收空气中的水蒸气。溶液除湿一般由除湿器、再生器和热交换器等设备组成。溶液除湿可以避免冷冻除湿造成的冷水机组效率降低、再热等缺点，可以使空调冷冻水温度可由原来的7℃左右提高到16℃以上，提升冷水机组能效比30%以上。但溶液除湿也有溶液再生效率低和溶液损耗及管道腐蚀的缺点。前者可以采用太阳能、工厂或冷水机组等的废热、燃气轮机等的余热、热泵等来降低溶液再生能耗，后者可以使用内冷型溶液除湿器降低溶液的流速和流量来解决。

（四）变频技术

变频技术严格来说只是一种节能技术，而不是设备，但却是近年来逐渐得到青睐的提高空调系统能效比的有效方式。中央空调的主要功能是通过大量的风机和水泵来实现的，它们占据了空调系统20%~50%的能耗。在空调部分负荷运行时，其流量也应随负荷变化而变化。传统方式是改变系统的阻力，即利用阀门来调节流量，这种方式显然是不经济的，因为这是以牺牲阻力能耗的方式来适用末端负荷要求。因此，这种改变系统阻力的方式正在被改变系统动力的方式取代，包括多台并联、变台数调节和变速调节。变频技术通过改变风机或水泵的电动机频率调整电动机转速达到流量调节的目的，是其中最为高效的方式。根据功率与转速的关系，风机和水泵的流量与转速成正比，而功率却与转速的三次方成正比。当流量减少10%时，节电率可以达到27.1%；流量减少30%时，节电率可以达到65.7%。

（五）变冷媒流量多联系统

变冷媒流量多联系统多见于分体式空调中，因其高能效比受到了较多的关注。变冷媒流量多联系统采用冷媒直接蒸发式制冷方式，通过冷媒的直接蒸发或直接凝缩实现制冷或制热，冷量和热量传递到室内只有一次热交换。变冷媒流量多联系统具有设计安装方便、布置灵活多变、占用空间小、使用方便、可靠性高、运行费用低、无需机房、无水系统等优点。

（六）辐射供暖供冷技术

辐射供暖供冷技术是一种节能效果较好的空调技术。早期的辐射供暖供冷技术主要用于地板辐射供暖，且应用非常普遍，遍布南北。但目前已不再局限地板辐射供暖，顶棚、墙面辐射供暖供冷技术都已得到应用。而地板辐射制冷由于会产生地面结露现象，目前在国内尚未大面积推广。

辐射供暖供冷系统主要通过布置在地板、墙壁或天花板上的管网以辐射散热方式将热量或冷量传递到室内。因为不需要风机和对流换热，无吹风感，这种静态热交换模式可以达到与自然环境类似的效果，人体会感到非常自然、舒适。这种系统具有室内温度分布均匀、舒适、节能、易计量、维护方便等优点。

辐射供暖供冷系统具有很好的节能效果。在辐射换热的条件下，人体的实感温度会比室内空气温度低 1.6℃ 左右。因此，采用辐射供暖供冷系统的室内设计温度在夏季约高 1.6℃，冬季约低 1.6℃，可以降低冷热负荷 5%~10%。辐射制冷具有冷效应快、受热缓慢的特点，围护结构和室内设备表面吸收辐射冷量，形成天然冷体，可以平缓和转移冷负荷的峰值出现时间。辐射供冷可以使用较高温度的冷冻水，减少运行能耗与设备初投资。此外，采暖使用时供水水温较低，一般不超过 60℃，所以，可直接或间接利用工业余热、太阳能、天然温泉水或其他低温能源，最大限度地减少能耗。在我国，辐射供暖系统多与壁挂式燃气炉配合使用。

然而，辐射供冷系统应结合除湿系统或新风系统进行设计，否则，会造成房间屋顶、墙壁和地面的结露现象。此外，除湿只能单纯解决地面或天花板不结露现象，如果室内的空气不流通，墙面和家具局部温度低于空气的露点温度，就会因局部结露而产生墙面和家具发霉的现象，这种发霉现象在冬季采暖和夏季制冷时都会发生。

（七）热泵

热泵技术可以冬季供暖，也可以夏季制冷，是一种高效的空调技术。常用的热泵技术主要有空气源热泵、水源热泵和地源热泵等，其主要区别是热源及热交换器布置不同。

地源热泵通过埋在土壤内部的封闭环路（土壤换热器）中流动循环的载冷剂实现与土壤的热交换。由于地下环境温度较稳定，始终在较适宜的范围（10~20℃）内变化，土壤热泵系统的制冷系数与制热系数都要比空气源热泵系统高 20%~40%。并且，土壤热泵系统全年制冷量与制热量输出（能力）比较稳定，避免了空气源热泵存在的除霜损失。热泵为楼宇、别墅以及单户住宅等用户提供了一种高效的采暖和制冷方式选择。

（八）高效供暖和热水系统

对采暖和热水系统，因为涉及不同的燃料，习惯上使用一次能源效率评价性能，从一次能源到建筑终端能源的转换传输过程中，能源损失很大。表3-3列出了几种常见供热系统的一次能源效率。作为燃料，天然气的一次能源效率要远远大于电能，因此应该避免直接用电供暖。燃煤锅炉不但效率低下，且严重污染环境，现在已经在城镇建筑中禁止使用。

表3-3　几种常见供热系统的一次能源效率

设备	热效率	单位热量煤耗（ $K = kW^{-1} + h^{-1}$ ）
分户燃煤炉	~30%	410
分户燃气炉	>90%	135
直接电热	35%	351
热泵	85%~110%	~120
热电联产（小型）	~85%	90
热电联产（大型）	~75%	67

（九）冷热电联产

热电联产或者更进一步的冷热电联产技术是能源利用的理想模式。冷热电联产对不同品位的热能进行梯级利用，温度较高的高品位热能用来发电，而温度较低的低品位热能则被用来供热或者制冷。目前与热电冷联供相关的制冷技术主要是溴化锂吸收式制冷，也可以与最新的溶液除湿技术结合来除湿和制冷。

大型冷热电联产适用于区域供暖，目前已在我国北方地区得到广泛应用，但一般以热电联产为主。小型冷热电联产可通过近年来逐渐流行的小型或微型燃气轮机来实现。小微型燃气轮机目前已在社区、医院、学校、办公楼、公寓楼等得到应用。在设计工况条件下，能源总利用效率可达85%，节能率可达14%，特别是在夏季制冷和用电峰值时段（也是天然气负荷低谷期）。

（十）高效设备的选用原则

高效的能源系统虽然能效较高，但选用不当则未必节能。能源系统的选用应根据当地气候条件、建筑类型综合考虑。以下就几个比较典型的系统选用不当的案例进行探讨。

中央空调用于公共建筑多数能取得较好的节能效果，特别是对空调需求较为一致的建筑。这些建筑对室内状态的要求基本一致、运行时间也比较统一时，则能获得中央空调的高效率。但是，对于部分建筑，其房间利用率低、人员分布或作息时间不一致，使用中央空调则可能造成极大的浪费，例如部分空置率较高的办公大楼或公寓。这类建筑使用分散式空调时，其空调能耗可能仅为中央空调能耗的 10%～20%。

随着人们对环境舒适度要求的提高，以前基本不供暖的长江以南地区也开始对建筑的采暖提出了要求。部分地区开始采用北方地区的区域供暖或集中供暖模式，造成实际能耗增加 3～5 倍。然而，南方地区的采暖负荷并不像北方地区那么稳定和强烈，并且管网系统要额外消耗很大的循环水泵电耗，选用集中供暖时会造成较大的能源浪费。在长江以南地区应优先发展基于热泵的局部可调的分散供暖方式，才是一种节能优先的最佳选择。

由此可见，高效的设备虽然高效，但有其地域及建筑类型的适用性。在选择建筑设备时，应对当地自然条件、建筑用途、居民习惯等因素进行综合考虑，不应一味地选用所谓的高新技术。

三、建筑能源管理系统与优化运行策略

高效的建筑能源设备并不保证建筑的低能耗。这听起来不可思议，但却是现实。70%的建筑实际运行能耗反而高于同功能的一般建筑。要达到最快、最明显的节能效果，不单是应用安装节能灯具、电动机变频、节水卫浴等设备节能手段，更需要有一套完善的能源管理系统来管理能源。这样的建筑一般又称智能建筑。

（一）绿色建筑的心脏：能源管理系统

建筑能源管理系统可以对建筑供水、配电、照明、空调等系统进行监控、计量和管理。建筑能源管理系统一般是借由楼宇自控系统来实现的。它可以根据预先编排的程序对电力、照明、空调等设备进行最优化的管理。例如，可以根据室内外环境变化与设定值对冷水机组、新风系统、遮阳系统、照明系统的状态进行监控和调节，依靠遍布建筑的传感器和控制装置保证设备的合适运作，以最少的能量消耗维持良好的室内环境，达到节能的目的。

遍布建筑的能源管理系统的监控和计量装置可便捷地实现分户冷热量计量和收费。改变过去集中供冷或集中供暖按面积分摊收费的做法，可以引入科学的分户热量（冷量）计量和合理的收费手段，多用多付、少用少付，避免了"不用白不用"的思想，也可避免暖气过热开空调不合理现象，达到较好的节能效果。就中央空调一项而言，一般可实现节能15%～20%，有的甚至能够达到节能 25%～30%。而这些都需要依靠能源控制系统的实现。

除了基本的能耗监控和计量功能外，优秀的建筑能源管理系统一般都带有负荷预测控制和系统优化功能，可以在设备与设备之间、系统与系统之间进行权衡和优化。系统优化

的方面有很多，下文选择几具典型方面进行简述。

1. 室温回设

在房间无人使用时自动调整温控器的设定温度。一般能源管理系统都是按建筑运行时间进行室温回设，但有些系统可以通过室内的 CO_2 传感器来感应人的存在并进行智能设定。

2. 冷冻水温度和流量控制

能源管理系统可以根据负荷的变化对空调系统的供水温度和流量进行调节，使用变化的供水温度和流量减少冷水机组的过度运行。冷量控制方式是比温度控制方式更合理和节能的控制方式，它更有利于制冷机组在高效率区域运行而节能。

3. 空调与自然通风模式转换控制

能源管理系统可以根据室内外环境，在空调与自然通风之间自动切换。在室外温度低于某一设定值（如13℃）时，可直接将室外新风作为回风；在室外温度达到24℃时，可直接将室外新风送入室内。在夜间，还可以通过自然通风或机械通风的方式降低室内的热负荷。其目的都是最大化地利用自然界的能量。

4. 负荷预测功能

负荷预测功能赋予了智能能源管理系统更好的智能性。能源管理系统可以根据建筑的蓄热特性和室内外温度变化，确定最佳启动时间。这样不但建筑可以在第二天上班时室内的舒适度刚好符合要求，还可以有效地抑制峰值负荷，节约能源。此外，部分能源控制系统还可以进行设备模型的在线辨识和故障诊断，及时发现设备故障。

能源管理系统用得好才能起到明显的节能效果。然而，根据调查，国内智能建筑中真正达到节能目标的还不到10%，80%以上的智能建筑内能源管理系统仅作为设备状态监视和自动控制使用，把一个优秀的能源管理系统变成了一个"呆傻"的能耗监测系统，造成投资的极大浪费和能源的损失。

（二）舒服就好：以节能为目标的室内舒适度标准

现代化建筑倾向于选择高科技的设备、提供高品质的室内环境以提升室内舒适度。室内舒适度的因素一般包括室内温度、湿度、亮度、新风量等。建筑使用模式、运行方式、舒适度要求也即服务水平在很大程度上影响了建筑运行能耗。欧美国家以及国内一些高档建筑的室内舒适度的要求较高，即便是采用被动式节能技术的低能耗建筑，其实际运行能耗也较高。

以采暖为例，我国供暖温度设定值一般为 18~20℃，而欧洲则多为 18~22℃。通过适当地增加衣物而不是室内温度，显然更能减少能源的消耗。对于制冷来说，除了部分湿热地区外，室内温度设定值一般推荐为 25.5℃。但现实却是，多数房间的温度设定都是 24℃以下，在我国香港特别行政区甚至低至 18℃。除了室内送风不均的原因外，更多的是不同人对温度的感受不同。

此外，高档建筑对新风量、采光等都呈现出更高的要求。以新风量为例，人均新风量的增加可能会导致空调负荷的成倍增长。

这种偏离节能推荐值的温度设定，以及对室内舒适度的高标准要求，对建筑能耗的增加有着直接的贡献。而这些设定是建筑能源管理系统力所不及的。从节能的角度来看，舒服就好，才应该是我们对室内温湿度设定、通风和采光要求的标准。

良好的用能习惯，例如，随手关水，不开无人灯，防止（水、电、气）跑冒漏，限制空调制冷（热）上下限温度等节能习惯也是公认的行之有效的主动式节能措施，这里不再详谈。

第四章 绿色建筑与微型风力发电技术

第一节 技术原理概述

一、风资源简介

（一）风的形成

风是大规模的气体流动现象，是自然现象的一种。在地球上，风是由地球表面的空气流动形成的。在外层空间，存在太阳风和行星风。太阳风是气体或者带电粒子从太阳到太空的流动，而行星风则是星球大气层的轻化学元素经释气作用飘散至太空。

在地球上，形成风的主要原因是太阳辐射对地球表面的不均匀加热。由于地球形状以及和太阳的相对位置关系，赤道地区因吸收较多的太阳辐射导致该地区比两极地区热。温度梯度产生了压力梯度，从而引起地表 $10 \sim 15 km$ 高处的空气运动。在一个旋转的星球上，赤道以外的地方，空气的流动会受到科里奥利力的影响而产生偏转。同时地形、地貌的差异，地球自转、公转的影响，更加剧了空气流动的力量和方向的不确定性，使风速和风向的变化更为复杂。

据估计，地球从太阳接受的辐射功率大约是 1.7×10^{14} kW，虽然只有大约2%转化为风能，但其总量十分可观。全球风资源的分布是非常不均匀的，反应为大尺度的气候差异和由于地形产生的小尺度差异。一般分为全球风气候、中尺度风气候和局部风气候。在世界大多数地方，风气候本质上取决于大尺度的天气系统，如中纬度西风、信风带和季风等。局部风气候是大尺度系统和局部效应的叠加，其中大尺度系统决定了风资源的长期总体走势。风资源是一个统计量，风速和风向是风资源评估的基础数据。

（二）风速的概率分布

风作为一种自然现象，通常用风速、风频等基本指标来表述。风的大小通常用风速表示，指单位时间内空气在水平方向上移动的距离，单位有 m/s、km/h、mile/h 等。风频分为风向频率和风速频率，分别指各种速度的风及各种方向的风出现的频率。对于风力发电机的风能利用而言，总是希望风速较高、变化较小，同时，希望某一方向的频率尽可能大。一个地区的风速概率分布是该地区风能资源状况的最重要指标之一。目前不少研究对风速分布采用各种统计模型来拟合，如瑞利分布、β 分布、韦布尔分布等，其中以两参数分布模型最经常用。对于某风场的风速序列，其概率密度公式为式中 $pd(v)$ 为

$$pd(v) = \left(\frac{k}{A}\right)\left(\frac{v}{A}\right)^{k-1} e^{-\left(\frac{v}{A}\right)^k}$$

式中，A、K 分别为分布的尺度参数和形状参数，这两个参数控制分布曲线的形状；尺度参数 A 反应风电场的平均风速，其量纲与速度相同，M 表示分布曲线的峰值情况，无量纲。

（三）风力等级

根据理论计算和实践结果，把具有一定风速的风（通常是指 $7 \sim 20 \mathrm{m/s}$ 的风）作为一种能量资源加以开发，用来做功（如发电）；这一范围的风通常称为有效的能或风能资源。当风速小于 $3 \mathrm{m/s}$ 时，它的能量太小，没有利用价值；而当风速大于 $20 \mathrm{m/s}$ 时，它对风力发电机的破坏性很大，很难利用。但目前开发的大型水平轴风力发电机，可将上限风速提高到 $25 \mathrm{m/s}$。根据世界气象组织的划分标准，风被分为 17 个等级，在没有风速计的情况下，可以借助它来粗略估计风速。

人类所能控制的能量要远远小于风所含的能量，风速为 $9 \sim 10 \mathrm{m/s}$ 的 5 级风，吹到物体表面上的力约为 $10 \mathrm{kg/m^2}$；9 级风，风速为 $20 \mathrm{m/s}$，吹到物体表面上的力约为 $50 \mathrm{kg/m^2}$。可见，风资源具有很大的开发潜力。

（四）风的变化

风随时间和高度的变化为开发风资源带来了一定难度，但只要充分把握规律，就能大大降低难度。

1. 风随时间变化

在一天内，风的强弱是随机变化的。在地面上，白天风大而夜间风小；在高空中却相反。在沿海地区，由于陆地和海洋热容量不同，白天产生海风（从海洋吹向陆地），夜晚产生陆风（从陆地吹向海洋）。在不同的季节，太阳和地球的相对位置变化引起季节性温

差，从而导致风速和风向产生季节性变化。在我国大部分地区，风的季节性变化规律是：春季最强，冬季次强，秋季第三，夏季最弱。

2. 风随高度变化

由于空气黏性和地面摩擦的影响，风速随高度的变化因地面平坦度、地表粗糙度及风通道上气温变化而异。从地球表面到 10 000m 的高空内，风速随着高度的增加而增大。风切变描述了风速随高度的变化规律。有两种方法可以用来描述风切变，分别为指数公式和对数公式。其中，指数公式是描述风速随时间变化最常用的方法。工程近似公式如下：

$$\frac{U_2}{U_1} = \left(\frac{h_2}{h_1}\right)^{\gamma} \qquad (式 4-1)$$

式中 v_1 和 v_2 分别是高度 h_1 和 h_2 处的风速；γ 为风切指数。

另一种方法是利用对数方式来推断风速，这个公式里，将用到表面粗糙度这个参数，公式如下：

$$\frac{v_2}{v_1} = \frac{\ln(h_2/z_0)}{\ln(h_1/z_0)} \qquad (式 4-2)$$

式中 z 为表面粗糙长度。

根据上面式中可以推导出风切值的表达式：

$$\gamma = \ln\left(\ln\frac{h_2}{z_0}\Big/\ln\frac{h_1}{z_0}\right)\Big/\ln(h_2/h_1) \qquad (式 4-3)$$

因此，风切变取决于高度和表面粗糙度。关于粗糙度等级、粗糙长度及风切指数可从表 4-1 中查到。

表 4-1　粗糙度等级、粗糙长度及风切参数对照表

地形地貌	粗糙等级	粗糙长度	风切指数
开阔的平面	0.0	0.000 1~0.003	0.08
地表光滑的开阔地	0.5	0.002 4	0.11
开阔地，少有障碍物	1.0	0.03	0.15
障碍间距为 1 250m 的农田房屋	1.5	0.055	0.17
障碍物间距 500m 有房屋围栏的农场	2.0	0.1	0.19
障碍物间距 250m 有房屋围栏的农田	3.0	0.2	0.21
有树和森林的农场村庄小镇	3.5	0.4	0.25
高楼大厦的城市	4.0	0.8	0.31
摩天大楼	0.0	1.6	0.39

（五）风能

风能是指风带有的能量，一般来讲，风能的大小取决于风速及空气密度。常用的风能公式为：

$$E = \frac{1}{2}(\rho \cdot t \cdot S \cdot v^3) \qquad （式4-4）$$

式中，ρ 为空气密度，kg/m^2；v 为风速，m/s；S 为截面面积，m^2；t 为时间，s。

从该公式中可以看出，风速、风所流经的面积以及空气密度是决定风能大小的关键因素，有如下关系。

①风能的大小与风速的三次方成正比，说明风速的变化对风能大小的影响很大，风速是决定风能大小的决定因素。

②风能的大小与风流经过的面积成正比。对于风力发电机来说，风经过的面积即为风力发电机叶片旋转时的扫风面积。所以，风能大小与风轮直径的平方成正比。

③风能大小与空气密度成正比。因此，计算风能时，必须要知道当地的空气密度，而空气密度取决于空气湿度、温度和海拔高度。

对于风力发电机来说，在单位时间内，空气传递给风机的风能功率（风能）为：

$$P = \frac{1}{2}\rho v^2 \cdot Av = \frac{1}{2}\rho Av^3 \qquad （式4-5）$$

式中，A 为风机叶片的扫风面积，m^3；v 为风速，m；P 为风能功率，W。

但是，由于实际上，风力发电机不可能将叶片旋转的风能全部转变为轴的机械能，因而，实际风机的功率为：

$$P = \frac{1}{2}\rho Av^3 C_p \qquad （式4-6）$$

式中，C_p 为风能的利用系数。以水平轴风机为例，理论上最大的风能利用系数为0.593，但再考虑到风速变化和叶片空气动力损失等因素，风能利用效率能达到0.4左右也很高。

风能密度有直接计算和概率计算两种方法。目前在各国的风能计算中心，大多采用韦布尔分布来拟合风速频率分布方法来计算风能。除了风能以外，对于某一个地区来说，风能密度是表征该地区风资源的另一个重要参数。定义为单位面积上的风能。对于一个风力发电机来说，风能密度（单位：W/m^2）为：

$$W = \frac{P}{A} = 0.5pv^3 \qquad （式4-7）$$

式中，W 为风能密度，常年风能密度为。

$$\bar{W} = \frac{1}{T} \int_0^T \frac{1}{2} \rho v^3 \mathrm{d}t$$

式中，$\bar{W}$ 为平均风能密度，$\mathrm{W/m^2}$；T 为时间，h。

在实际应用中，常用以下公式来计算某地年（月）风能密度，即：

$$W_{y(m)} = \frac{W_1 T_1 + W_2 T_2 + \cdots + W_n T_n}{T_1 + T_2 + \cdots + T_n} \qquad (式 4 - 8)$$

式中，$W_{y(m)}$ 为某年（月）的风能密度；$\mathrm{W/m^2}$；$W_i(1 \leq i \leq n)$ 为等级风速下的风能密度，$T_i(1 \leq i \leq n)$ 为各等级风速出现的时间，h。

（六）风能的优点和局限性

风能因安全、清洁及储量巨大而受到世界各国的高度重视。目前，利用风力发电已经成为风能利用的主要形式，并且发展速度很快。与其他能源相比，风能具有明显的优点，但也有不可避免的局限性。

1. 风能的优点

风能蕴藏量大，无污染，可再生，分布广泛、就地取材且无须运输。风能是太阳能的一种转换形式，是取之不尽，用之不竭的可再生能源。在边远地区（如高原、山区等地）利用风能发电具有很大的优越性。根据国内外形势，风能资源适用性强，前景广阔。目前，拥有可利用风力资源的区域占全国国土面积的76%，在我国发展小型风电潜力巨大。

2. 风能的缺点

由于风的不确定性，风能也有一定的缺点，比如能量密度低，只有水力的1/816；气流瞬息万变（时有时无、时大时小），且随日、月、季的变化都十分明显；同时，由于地理位置及地形特点的不同，风力的地区差异很大。

二、风力发电技术概述

（一）风力发电机基本原理

风的动能可以被多种设备转换为机械能和电能。风力发电的基本原理：通过风力发电机，将风的动能转换成机械能，再带动发电机发电。风力发电技术涉及多个复杂的交叉学科，包括气象学、空气动力学、结构力学、计算机技术、电子控制技术、材料学、化学、机电工程、环境科学等。

从技术层面来讲，风电发展经历了曲折的过程。艰辛的探索、市场应用的考验以及多种技术革新，才造就今天各种稳定运行的风力发电机。相关领域技术上的突破，也会推动风电技术不断发展。以全功率逆变器举例说明，其复杂结构和不可靠因素曾经一度让人望而却步，然而大功率 IG-BT/IGCT 的成熟和多电平技术的完善，使其在风力发电上的应用成为可能。

随着大型风力发电机技术的不断成熟和产品商业化过程的不断加速，风力发电机成本在逐年降低。风力发电具有消耗资源少、环境污染小、建设周期短的特点。一般来说，一台风机的运输安装时间不超过 3 个月，万千瓦级风电场建设周期不到一年。同时，安装一台即可投产一台，装机灵活，筹集资金便利，运行简单，可无人值守。风机系统占地较少，机组连同监控、变电等建筑仅占风电场整体面积的 1%，其余场地仍可供农、牧、渔使用。此外，风力电站在海边、河堤、荒漠及山丘等地形条件下均可建设，其发电方式多元化，既可联网运行，也可和太阳能发电、柴油发电机等集成互补系统或独立运行，是解决边远无电地区的供电问题的潜在方案。

从风电机本身来看，由于风电市场扩大、风电机组产量及单机容量增加以及技术上的进步，风电机组每千瓦的成本稳定下降。另外，风电机组设计和工艺的改进提高了风机的性能和可靠性；塔架高度的增加以及风场选址评估方法的改进，大幅提升了风电机组的发电能力。目前，风电场的容量系数（一年的实际发电量除以装机额定功率与一年 8 760h 的乘积）一般为 0.25~0.35。

总之，风电技术的日趋成熟使风力发电的经济性日益提高，发电成本已接近煤电、低于油电与核电，但是，若考虑煤电的环境保护与交通运输的间接投资，则风电技术优于煤电。

风力发电机是风电系统的核心，一般由风轮、发电机（包括装置）、调向器（尾翼）、塔架、限速安全机构和储能装置等组成。风力发电机的工作原理比较简单，风轮在风力的作用下旋转，它把风的动能转变为风轮轴的机械能。根据风力发电机的发电轴转动方式，可将其分为两种类型：水平轴风力发电机（叶片绕着平行于地面的轴旋转）和垂直轴风力发电机（叶片绕着垂直于地面的轴旋转）。

水平轴风力发电机的核心构件：

第一，叶片。叶片的作用为捕获风能并将风力传达到转子轴心。当风吹向叶片时，产生的气动力驱动风轮转动，使空气动力能转变成机械能（转速+扭矩）。叶片的材料要求强度高、质量小，目前多用玻璃钢或其他复合材料（如碳纤维）来制造。

第二，轮毂。风力发电机的叶片安装于轮毂上。轮毂是风轮的枢纽，连接叶片根部和主轴。从叶片传来的力都通过轮毂传动到传动系统，再传到风力机驱动的对象。轮毂也是控制叶片桨距的所在。因此，在设计中，轮毂应保证足够的强度。

第三，调速或限速装置。调速或限速装置是为了保证风力机在任何风速下，转速总保持恒定或不超过某一限定值的设计要求。在过高的风速下，这些装置还可用来限制功率，同时降低作用在叶片上的力。调速或者限速装置从原理上来看可以分为三类：使风轮偏离主风向、利用启动阻力或者改变叶片的桨距角。

第四，塔架。风力机塔载有机舱及转子。较高的塔架可以利用更高的风速，因为风速随离地高度增长。除了要支撑风力机的重量，塔架还要承受空气流动产生的风压，以及风力机运行中的动载载体它的刚度和风力机的振动有密切关系。塔架的形状可以是管状，也可以为格子状。相比之下，对于维修人员来说，管状塔架更为安全，可以利用内部梯子达到塔顶；但格状塔架成本较低。

第五，低速轴。风力机的低速轴将转子轴心与齿轮箱连接在一起。

第六，高速轴及其机械闸。高速轴高速旋转并驱动发电机。它装备有紧急机械闸，用于空气动力闸失效或风力机被维修的情况。

第七，齿轮箱。由于风力大小及方向经常变化且风轮的转速比较低导致转速不稳定，所以，在带动发电机之前，必须附加变速齿轮箱和调速机构，以便将转速提高到发电机额定转速并保证稳定输出。升速齿轮箱的作用就是将风力机轴上的低速旋转输入转变为高速旋转输出，方便与发电机运转所需要的转速相匹配。

第八，发电机。在风力发电机中，已采用的发电机有三种，即直流发电、同步交流发电和异步交流发电。风力发电机的工作原理较简单，风轮在风力的作用下旋转，把风的动能转变为风轮轴的机械能，从而带动发电机旋转发电。10kW 以下的小型容量风力发电机组，交流发电机的形式为永磁式或自励式，经整流后向负载供电及向蓄电池充电；容量在100kW 以上的并网运行的风力发电机组，则较多采用同步发电机或异步发电机。通过励磁系统可控制发电机的电压和无功功率，发电机效率高，这是恒速同步发电机的优点。同步发电机需要通过同步设备的整步操作从而达到准同步并网（并网困难），由于风速变化较大，而同步发电机要求转速恒定，风力机必须装有良好的变桨距调节机构。恒速异步发电机结构简单、坚固且造价低。异步发电机在投入系统运行时，靠转差率来调节负荷，因此，对机组的调节精度要求不高，不需要同步设备的整步操作，只要转速接近同步速时就可并网，且并网后不会产生振荡和失步。缺点是并网时冲击电流幅值大，不能产生无功功率。

第九，调向机构。调向机构是用来调整风力发电机的风轮叶片与空气流动方向相对位置的机构，其功能是使风力发电机的风轮随时都处于迎风向，从而能最大限度地获取风能。因为当风轮叶片旋转平面与气流方向垂直，也就是迎风时，风力发电机从流动的空气中获取的能量最大，从而输出功率最大。调向机构又称迎风机构，国外统称为偏航系统。小型水平轴风力发电机常用的调向机构有尾舵和尾车，在风电场并网运行的中大型风力发电机则采用伺服电动机构。

第十，冷却系统。发电机在运转时需要冷却。大分布风力机采用大型风扇来空冷，还有一部分制造商采用水冷。水冷发电机更加小巧而且电效高，但这种方式需要在机舱内设置散热器，以消除液体冷却系统产生的热量。

第十一，其他。机舱，风力机的关键设备，如齿轮箱、发电机都包容于机舱内；液压系统，用于重置风力机的叶尖扰流器；风速计及风向标，用于测量风速及风向。

（二）风力发电机基本理论和贝茨理论

在风力发电系统中，风机是将风能转化为机械能的设备。质量为 m 风速为 v 的风所含的动能 E 为

$$E = \frac{1}{2}mv^2(\mathrm{Nm}) \tag{式4-9}$$

以流速 v 流过横截面为 A 的区域时，体积为

$$\dot{V} = vA(\mathrm{m}^3/\mathrm{s}) \tag{式4-10}$$

密度为 P 的流体的质量为

$$\dot{m} = \rho vA(\mathrm{kg/s}) \tag{式4-11}$$

因此，来流中含有的能量 P 为

$$P = \frac{1}{2}\rho v^3 A(\mathrm{W}) \tag{式4-12}$$

但是，不是所有的风能都能被风力发电机转化为电能，可被转化的只占一部分。自由风经过风力发电机以后，流体的横截面增大，同时风速降低。假设风机前后的风速为 5 级，前后的横截面积和风机前后所含的能量差就是风机提取的机械能，则

$$P = \frac{1}{2}\rho A_1 v_1^3 - \frac{1}{2}\rho A_2 v_2^3 = \frac{1}{2}\rho(A_1 v_1^3 - A_2 v_2^3) \tag{式4-13}$$

其中，由连续性方程可知

$$\rho A_1 v_1 = \rho A_2 v_2 \qquad \text{（式 4 - 14）}$$

因此，变形为

$$P = \frac{1}{2} \rho v_1 A_1 (v_1^2 - v_2^2)$$

$$P = \frac{1}{2} \dot{m} (v_1^2 - v_2^2) \qquad \text{（式 4 - 15）}$$

从式中可以看出，当 s 为零的时候，风机从来流中提取的风能达到最大。但是，s 为零没有任何意义。因为，风机出口流速为零意味着来流风速也要为零，换句话说，风力发电机中没有流体通过。当 v_1/v_2 达到一定值的时候，风机发电量可以达到最大值。

风机可从风中获得的最大能量为 16/27（59.3%），被定义为贝茨系数。实际情况下，考虑到风机叶片外形、装配、变桨策略和叶片转速等，风机可提取的能量只能达到贝茨极限的 75%~80%。贝茨极限是一个理论值，推导的过程需要做一些理想化的假设：

1. 风力发电机的叶轮面是一个无限薄的且不存在轮毂的理想圆盘。

2. 风机有无限多叶片且无拖动，因为任何拖动都会导致该理想值降低。

3. 风吹进和吹出的方向为风力发电机的轴向。

4. 风是不可压缩流体，且空气密度恒定，风机和叶轮之间不存在风热量交换。

5. 不考虑尾流效应。

根据动量守恒理论及相互作用力原理，风机对风的作用力为

$$F = m(v_1 - v_2) \qquad \text{（式 4 - 16）}$$

该受力单位时间内做功

$$P = Fv' = m(v_1 - v_2) v' \qquad \text{（式 4 - 17）}$$

式中，v' 表示作用在风机表面的风速，取 $v' = \frac{1}{2}(v_1 + v_2)$。

风机所获得的机械能为

$$P = \frac{1}{2} \rho A (v_1^2 - v_2^2) (v_1 + v_2) \qquad \text{（式 4 - 18）}$$

在相同的横截面积下，自由风含有的能量为

$$P_0 = \frac{1}{2} \rho A v_1^3 \qquad \text{（式 4 - 19）}$$

所以，风功率转化系数或功率系数 C_p 可表示为

$$c_{\mathrm{p}} = \frac{P}{P_0} = \frac{\frac{1}{4}\rho A (v_1^2 - v_2^2)(v_1 + v_2)}{\frac{1}{2}\rho A v_1^3} = \frac{1}{2}\left[1 - \left(\frac{v_2}{v_1}\right)^2\right]\left(1 + \frac{v_2}{v_1}\right) \qquad (式4-20)$$

从中可以看出，c_{p} 的大小取决于风机进出口风速的比例系数。

c_{p} 是从能量转换的角度考虑。但是从受力角度考虑，并不是全部风速都转化为对叶轮的推力 T，否则风机出口处的风速就是 0 了。用 M 表示推力系数，描述风速与对叶轮推力的转化。

（三）风力发电机组的功率曲线

风机在运行时，功率时刻随着风速变化。功率曲线是指某机型风力发电机组的输出功率和风速的对应函数关系。它是风力发电机的设计依据，同时也是考核机组性能、评估机组发电能力的一项重要指标。

从风的动能到风力发电机叶片的动能转化系数用 c_{p} 表示，而叶片的动能转化为电能的比例参数为 η，称作电能转化系数，由下式计算

$$c_{\mathrm{e}} = c_{\mathrm{p}}\eta_{\mathrm{m}}\eta_{\mathrm{e}} \qquad (式4-21)$$

式中，η_{m} 加表示叶片动能转化为电能过程中的机械效率，主要由齿轮箱的机械耗损决定，一般为 0.95~0.97；η_{e} 表示该过程的电气效率，包含发电机和电路损耗，通常为 0.97~0.98。

因此，风力发电机的输出功率曲线为

$$P = \frac{1}{2}\rho A v^3 c_{\mathrm{e}} \qquad (式4-22)$$

对一个风力发电机而言，除去额定发电功率与额定风速（风力发电机开始以额定功率发电时的风速）外，切入风速和切出风速是两个重要参数。切入风速是指风力发电机开始发电的最低风速。而切出风速是指风力发电机停止发电的最大风速。风机的切入风速为 3m/s，额定风速为 11.5m/s，切出风速为 25m/s。值得指出的是，根据设计特性，不同风力发电机的切入风速不同，一般为 3~4m/s。

三、建筑环境中的风能特点

相比于传统的能源利用形式，建筑环境中的风能利用所产生的电能可直接用于建筑本身，免去长途输送的损耗，为绿色建筑的发展提供了一种全新思路。

与自然风不同，当风遇到地面建筑物时，一部分被建筑物遮挡而绕行，从而使建筑物周围风场产生很大的变化。随着现代化和城市化的发展，建筑环境中的风场变化越来越明显。特别是建筑物较高和密度较大的城市，由于其下垫面具有较大的粗糙度，可能引起更强的机械湍流，将导致局部风场显著加强。尽管城区的来流风具有速度低、紊流度大且风速相对较小等特点，但是考虑到建筑物的影响，也可能出现局部高风速，甚至产生楼群风等城市风灾害。楼群风是指风受到高楼的阻挡，除了大部分向上和穿过两侧，有一股顺墙而下到达地面，进而被分为左右两侧，形成侧面的角流风；另外一股加入低矮建筑背面风区，形成涡旋风。这样城市上空的高速气流被高层建筑引到地面上来，加大了地面风速，从而形成了我们能够感觉到的过堂风、角流风、涡流风等楼群风。常见的几种建筑风效应描述如下。

（一）逆风

受高楼阻挡反刮所致，由下降流而造成的风速增大。高处高能量的空气受到高层建筑阻挡，从上到下在迎风面处形成了垂直方向的旋涡，也造成了此处的风速加大。特别是与高层建筑迎风方向相邻接的低层建筑物与来流风呈正交的时候，在低层建筑物与高层建筑物之间的旋涡运动会更加剧烈。

（二）分流风

来流受建筑物阻挡，由于分离而产生流速收敛的自由流区域，使建筑物两侧的风速明显增大。

（三）下冲风

由建筑物的越顶气流在建筑物背风面下降产生。这种风类似从山顶往下刮的大山风，危害特别大。

（四）穿堂风效应

在建筑物开口部位通过的气流。穿堂风造成的风速增大，在空气动力学上认为是由于建筑物迎风面与背风面的压力差所造成的。

在实际情况下，因为风向、风速不断变化以及各种风效应之间的相互影响，建筑物周围的风环境十分复杂，具有强烈的不稳定性。在一些建筑群中，还可观察到由建筑物产生的阻塞效应和屏蔽效应，建筑物迎风面的滞止效应和背风面的回流效应。

因此，在进行城市高层建筑设计时，应充分考虑减少城市风灾害，同时，应尽量考虑利用高层建筑中的较大风能，变害为宝。在高层建筑之间，为了捕获更多的风能，可将两个相邻建筑设计成开放式形状，楼群之间会产生较大的瞬时风功率。比如在两座高层建筑之间的夹道，高层建筑两侧以及建筑楼顶，安装风力发电机。

四、建筑环境中风能利用

（一）建筑环境中风能利用形式

建筑环境中的风能利用形式可分为，自然通风和排气，以适应地域风环境为主的被动式利用；风力发电，以转换地域风能为其他能源形式的主动式利用。其中，在建筑环境中利用风力发电中，研究较多的形式有两种。

一是在建筑物楼顶放置风机以利用屋顶的较大风速进行发电。

二是在建筑物的设计阶段，将其设计为风力集中器形式，利用风在吹过建筑物时的风力集结效应，将风能加强用于发电。根据高层建筑中的风能特点，风力发电机的安装位置通常在风阻较小的屋顶或风力被加强的洞口、夹缝等部位。

1. 屋顶

建筑物的顶部风力大、环境干扰小，这是安装风力发电机的最佳位置。一般风力机应高出屋面一定距离，以避开檐口处的涡流区。

2. 楼身洞口

在建筑物的中部开口处，风力被汇聚和强化，会产生强劲的"穿堂风"，此处适合安装定向式风力机。

3. 建筑角边

在建筑角边有自由通过的风，还有被建筑形体引导过来的风，此处适宜安装小型风力机组，也可以将整个外墙作为发电机的受风体，使其成为旋转式建筑。

4. 建筑夹缝

建筑物之间垂直缝隙会产生"峡谷风"，且风力会随着建筑体积量的增大而增大，因此在此处适合安装垂直轴风力机或水平轴风力机组。

（二） 建筑环境中风机安装类型

根据风机不同的安装形式，将建筑用风机根据安装方式分为以下四类。

1. 安装在建筑边缘。

2. 安装在建筑屋顶。

3. 建筑一体化风机。

4. 安装在建筑底层地面。

一般来说，大部分建筑用风力发电机安装在建筑屋顶，且额定功率小于等于 10kW。对于传统的水平轴风力发电机来说，意味着风轮直径小于 7m。当然，除水平轴风力发电机外，垂直轴风力发电机同样引起了公众的兴趣，一些制造商将其用于建筑上或城市中。

建筑一体化风机采用非传统的设计方法，将风力发电机与建筑结合在一起。建筑一体化风力发电机对工程师的专业技能有较高的要求，同时会增加投资。在进行建筑一体化风力发电机设计安装时，需要综合考虑空气动力学、共振以及其与建筑之间的相互影响。

安装于建筑地面的风机需要考虑利用位于城市底层地面并不丰富的风资源，如何提高风机的产出非常具有挑战性。

（三） 建筑环境中风能利用评价指标

由于风能与风速的三次方成正比，因此，风力发电机的安装位置应该尽量选取风速比较大且湍流强度比较低的地方，同时，考虑到安装成本，在条件符合的情况下尽可能降低风力发电机的安装高度。结合实际工程，以下性能指标可用来评价建筑环境的风能利用效能。

1. 实际风速 v，衡量具体位置风能的多少，同时评价其风能可利用的潜能。风力机安装位置的风速应尽量满足风力发电机的设计要求，即风速应在风力发电机切入和切出风速范围之内，一般来说为 7~25m/s。同时，具体位置的不同风速，也是选择合适的风力发电机的重要依据。

2. 风速增大系数 $C_v = \dfrac{v}{v_0} - 1$，用来衡量建筑对风速的强化效果。其中 v_0 为某位置的实际风速度，v 为受建筑干扰的自由风速。C_v 越大，说明建筑对风能的强化集结效果越好。

3. 风能强化系数 $C_u = \dfrac{v^3}{v_0^3} - 1$，与风速强化系数类似。

4. 湍流强度，风电场的湍流对风力发电机的性能有着非常不利的影响，会减少风机的输出功率并引起极端荷载，最终将破坏风力发电机。因此，安装风力发电机时，应尽量避开高湍流区域。湍流强度 TI≤0.1 表示低湍流强度，0.1<TI≤0.25 为中等程度湍流，湍流强度 TI>0.25 表示湍流强度过大。对于风电场来说，湍流强度应尽量不要超过 0.25。

5. 风速倾斜角 γ，其中 $\cos\gamma = \dfrac{v}{v}$，$v$ 为实际风速，v 为实际风速的水平分量。遇到不同形式的建筑物时，来流会产生倾斜，对风力发电机的发电功率产生相应的影响，也是一个重要的影响参数。

第二节 绿色建筑中的风力发电技术

一、建筑用风力发电机技术现状

目前，小型风力发电机拥有较高的安全性和可靠性，将其安装于风塔上，可以有效避开因障碍物影响而导致的风力损失，在提高发电量的同时，降低湍流负载。但是，在建筑环境中，相比于其他位置，风资源具有较高的湍流度，从而将导致风机负载加大。将小型风力发电机安装在建筑环境中，所需技术远高于传统的设计极限，同时，会引起其他关于安全性、可靠性和风机性能方面的新问题。

小型风力发电机安装位置的最大湍流强度为 18%，规模尺度的不同导致小型风力发电机受湍流的影响不同于大型的风力发电机。湍流引起的旋涡可以轻而易举地吞没一个小型风力发电机，但是，对大型风力发电机来说，只能影响到风机的某一部分，从而对发电影响较小。

一般来说，建筑用风力发电机在 2~4m 的风轮直径（对水平轴风力发电机来说）下的额定功率为 1~3kW。小型风力发电机采用不同的机制控制叶轮转动速度，如最常用被动超速限制会把叶片收起。但是考虑到不同的反应和恢复时间，在具有高湍流强度和多边风向的建筑环境中，该尺度范围内的水平轴风力发电机多采用自由偏航技术，利用尾舵或者桨叶锥去适应风向。然而，垂直轴风力发电机在发电过程中无须对风，因此在多变的建筑风环境中应用较为广泛。

垂直轴风力发电机又分为两种类型，分别为升力型和阻力型。阻力型垂直轴风力发电机主要是利用空气流过叶片产生的阻力作为驱动力的，而升力型则是利用空气流过叶片产生的升力作为驱动力的。由于叶片在旋转过程中随着转速的增加阻力急剧减小，而升力反而会增大，所以升力型的垂直轴风力发电机的效率要比阻力型的高很多。

二、建筑用风电技术经济性和节能减排效果分析

（一）建筑用风力发电技术经济性分析

考虑到目前大多数经济性模型是以离网型风力发电技术为基础的，对于建筑用小型风力发电技术的经济性分析存在一定困难。一般来说，制造商会配套地提供电池以及逆变器的技术参数和价格，但却很少提供有关安装方面的数据。将一个风机改造加入建筑物的构造中，需要综合考虑各个方面，如安全性，避免共振同时节省风塔建设、基础和电缆费用（所有这些都将会对最后的安装费用产生影响）。一般来说，较为全面的经济性评估包括：

1．风机基本费用。

2．逆变器和风力转换器费用。

3．构造安装费用。

4．电缆费用。

通常来说，只有前两个项目有较为全面精准的数据。

（二）改造建筑用风力发电技术节能减排潜力分析

对于建筑内安装风力发电机来说，该系统的减排量取决于以下几个方面：

1．根据不同的建筑特点，尤其是墙体和屋顶类型，是否选择了合适的风力发电机类型。

2．在高风速地区，不同建筑类型的排列方式。

3．由城市环境引起的风速减弱。

4．由建筑分布或建筑形状导致的特定风向的风速增大情况。

（三）新建建筑用风力发电技术节能减排潜力分析

对于新建建筑来说，可以在初始设计阶段就考虑风机与建筑结构的整合，如果设计的建筑安装率较高，就可以安装更多的风力发电机。

（四）建筑用风电节能减排潜力总结

建筑用风力发电技术以及对应的 CO_2 减排量取决于建筑结构分布、风环境及在最优风

机布置下的捕风能力等。从上述报告分析中可以看出，该技术具有较大使用潜力，尤其在非住宅建筑中。

三、建筑用风力发电可行性因素分析

（一）满足可再生能源法规定

为了促进可再生能源开发利用，增加能源供应，改善能源结构，保障能源安全，保护环境，实现经济社会的可持续发展，国家制定了可再生能源法。建筑用风力发电技术，紧扣可再生能源法目标，把握风电技术发展机遇，具有广阔开发利用前景。

（二）满足绿色建筑用能目标

节能减排是绿色建筑概念的核心价值之一。如今，各国政府或者环保组织提出的绿色建筑评估法则中都有鼓励可再生能源利用的相关条文。

（三）风速更高，能量更大（建筑集结效应）

一般来说，传统风电技术通过选择风速较高的场址，用以安装风力发电机，并通过输电网运送给用电终端。鉴于能量和风速的三次方关系，对于风速较大地区，输电网损失的电量相比于发电量可以忽略。

建筑用风力发电技术，一般考虑将风机安装在一个已建成的拥有较强风场的建筑上。考虑到建筑对风的集结提速作用，需要谨慎考虑风机的安装位置，以避免风速超过可接受范围。

（四）低运输成本

建筑用风力发电系统，直接将产出的电力输送给建筑用户本身，减少了运输损失和购买费用。因此，从用户方面来说，建筑风力发电成本更低。

（五）发电成本降低潜力

随着技术的进一步发展，小型风力发电机的性能与发电效率也会有所提高并带来发电成本的降低。建筑用风力发电技术将从上述大趋势中受益，其成本将会随风力发电机改进而降低。

（六）弥补大型陆上风力发电不足

对于陆上风电场来说，开发利用的最大障碍是输电网的运输连接设计和民众的接受度。但是，建筑用风力发电却并不存在这些问题。建筑用风力发电系统直接连接低压配电网（通常是建筑用户）。输电网连接不是其设计短板。相比于大型风电机来说，小型风力发电机的公众接受度完全不成问题，建筑用风力发电系统通常安装在屋顶，对于建筑内用户影响很小。

第五章 绿色建筑与微型水力发电技术

第一节 建筑给排水系统及水力发电技术概述

水力发电技术是利用水位落差配合水轮发电机产生电力的技术。它利用水的位能转为水轮的机械能，再以机械推动发电机，从而得到电力。它作为一种经济效益、环境效益十分显著的可再生能源技术，得到了人们的广泛关注并迅猛发展。在地球传统能源日益紧张的情况下，各国都在大力发展水能资源。然而，目前世界范围内的水力发电研究几乎全都集中在修建水坝，利用自然界中存在的或者人为制造水源的高落差发电。

我国农村早就出现了由农机技术人员用电动机改制的微型水力发电设备。这种微小水电主要是利用小溪、小河等微小水源来进行发电，这一技术也已经在中国农村掀起了兴办小水电的热潮，得到了大规模的应用，特别是在偏远地区，农村无电人口正迅速减少。但对更小的微小水源的利用却很少得到关注，用于城市居民生活的水电转换节能很少有报道。

随着经济的发展，城市化建设是必然的趋势，城市的人口迅速膨胀，可利用土地资源越来越少，因此，高层建筑已成为城市建设的主流。

一、高层建筑给排水系统概述

建筑给排水系统是建筑最基本、不可或缺的组成部分之一，它上连城市给水系统，下连城市排水工程，处于水循环的中间阶段。它将城市给水管网中的水送至用户（如居住小区、工业企业、各类公共建筑和住宅等），在满足用水要求的前提下，分配到各配水点和用水设备，供人们生活、生产使用，然后又将使用后因水质变化而失去使用价值的污水废水汇集、处置，或排入市政管网进行回收，或排入建筑中水的原水系统以备再生回用。

表 5-1　高层建筑给排水系统分类

高层建筑给排水系统	
高层建筑给水系统	高层建筑排水系统
生活给水系统	粪便污水系统
生产给水系统	生活废水系统
消防给水系统	屋面雨雪水系统
中水系统	冷却废水系统
直饮水系统	特殊排水系统

（一）高层建筑给水系统的分类

1. 生活给水系统

主要是供给人们在生活方面（如饮用、烹调、沐浴、盥洗、洗涤及冲洗等）的用水。该系统除水压、水量应满足要求外，水质也必须严格满足现行的生活饮用水卫生标准。

2. 生产给水系统

主要是满足生产要求（包括洗衣房、锅炉房的软化水系统，空调、冷库的循环冷却水系统，游泳池水处理系统等）的用水。生产给水系统对水质、水压、水量及安全方面的要求应视具体的生产工艺确定。

3. 消防给水系统

主要是供建筑消防设备（包括消火栓给水系统、自动喷洒灭火系统、水幕消防给水系统等）的用水。高层建筑消防给水系统对水压、水量均有严格的要求。

4. 中水系统

主要是将建筑内排出的水质比较清洁的各类废水（如盥洗废水、冷却废水等），经适当的处理使其水质达到继续使用的标准后，再用中水管道输送到建筑内用于冲洗厕所、冲洗汽车、浇洒绿地和庭院等。

5. 直饮水系统

在标准比较高的宾馆、饭店及住宅中有时设置直饮水系统。直饮水系统就是将自来水进行深度处理，然后用管道输送到建筑内的用水点供人们直接饮用。

由于高层建筑对用水的安全要求比较高，特别是消防的要求特别严格，必须保证消防用水的安全可靠。因此，高层建筑各种富水系统一般宜设置独立的生活给水系统、消防给水系统、生产给水系统或生活-生产给水系统及独立的消防给水系统。

（二）高层建筑排水系统的分类

按污水的来源和性质，高层建筑排水系统可分为粪便污水系统、生活废水系统、屋面雨雪水系统、冷却废水系统以及特殊排水系统。

1. 粪便污水系统

指从大、小便器排出的污水，其中含有便纸和粪便等杂物。

2. 生活废水系统

指从盥洗、沐浴、洗涤等卫生器具排出的污水，其中含有洗涤剂和一些洗涤下来的细小悬浮颗粒杂质，污染程度比粪便污水轻。

3. 屋面雨雪水系统

水中含有少量灰尘，比较干净。

4. 冷却废水系统

从空调机、冷却机组等排出的冷却废水。冷却废水水质未受污染，只是水温升高，经冷却后可循环使用。但如果长期使用则水质需要经过稳定处理。

5. 特殊排水系统

从公共厨房排出的含油废水和冲洗汽车的废水，含有较多的油类物质，需要单独收集，局部处理后排放。

高层建筑排出的污水，根据其性质的不同可采用分流制和合流制。分流制是指分别设置管道系统将污水排出；合流制是指对于其中两种以上的污水采用统一管道系统排出。

由于高层建筑多为民用建筑，一般不产生生产废水和生产污水，在高层建筑排水系统中，必须单独设置雨水系统；冷却水多采用循环使用的方式。合流制一般指粪便污水和生活废水合用一套管道系统，称为生活污水系统。因此，高层建筑排水方式的选择主要是指粪便污水和生活废水的收集排出方式；通常可以根据市政排水系统体制和污水处理设备的完善程度、建筑内或建筑群内是否设置中水系统和卫生等因素来确定排水方式。

二、水力发电技术

水轮机是将水流能量转换为旋转机械能的水力原动机，水轮机产生的轴功可以用于驱动发电机，也可用于驱动其他旋转机械，如风扇等。

工业上常规的水轮机的过流通道依次是由引水部件、导水机构、转轮和泄水部件构成。水轮机将水流的能量转换为转轴的旋转机械能，能量的转换借助转轮叶片与水流的相互作用实现。根据转轮内水流运动的特征和转轮转换水力能量形式的不同，现代水轮机可以划分为反击式和冲击式两大类。

反击式水轮机利用了水流的势能和动能。水流充满整个水轮机的流道，水流是有压流动，工作时，水流沿着转轮外圆整周进水，从转轮的进口至出口水流压力逐渐减小。根据水流在转轮内运动方向的特征及转轮构造的特点，反击式水轮机分为混流式、轴流式、斜流式和贯流式。另外，根据转轮叶片能否依据运行工况进行转动调节，又可分为轴流定桨式和轴流转桨式。

冲击式水轮机仅利用了水流的动能。因此，必须借助特殊的导水装置（如喷嘴），将水流中的压力能转换为水流的动能，在流态上就体现为高静压水流转变为高速的自由射流，通过射流与转轮的相互作用，将水力能量传递给转轮。转轮和导水装置都安装在下游水位以上，转轮在空气中旋转，水流沿转轮斗叶流动过程中，水流具有与大气接触的自由表面，水流压力一般等于大气压，从转轮进口到出口水流压力不发生变化，只是转轮出口流速减小。根据转轮进水特征，冲击式又分为切击式、斜击式和双击式。

（一）轴流式水轮机

轴流式水轮机又称卡普兰式水轮机。轴流式水轮机中，水流通过转轮时沿轴向流入又沿轴向流出，叶片数目较少，在同样直径和水头的情况下，过流能力强，多应用于低水头、大流量的场合。同时，可以根据需要在运行中调整桨叶角度，以适应水头和流量的变化，保持较高效率。

（二）混流式水轮机

混流式水轮机又称弗朗西斯式水轮机。在混流式水轮机中，水流是由径向进入转轮，然后沿轴向流出。混流式水轮机对水头的适应范围广，结构简单，运行效率高。

（三）贯流式水轮机

贯流式水轮机是开发低水头水力资源的一种新机型，转轮形状与轴流式水轮机相似，水流在流道内基本沿轴向运动，因此过流能力和水力效率都比较高。根据发电机的安装位置又可以分为灯泡贯流式、轴伸式、竖井式等。贯流式水轮机适用于 2~25m 水头，广泛应用于河床、潮汐式水电站。

（四）反击式水轮机

反击式水轮机工作中，水流从喷嘴射出，沿转轮圆周切线方向冲击在斗叶上；反击式水轮机不需要冲击式水轮机组必需的蜗壳及尾水管，由喷嘴和转轮组成，叶片为水斗式。根据反击式水轮机最大的特点是无压流动，因此可以规避冲击式水轮机常见的气蚀问题，只要强度允许，可以应用较高的水头。因此反击式水轮机适用于负荷变化较大的场合。

（五）双击式水轮机

双击式水轮机又叫横流式、班克式水轮机，该机型是由两块圆盘夹了许多弧形叶片而组成的圆柱。水流进入转轮，首先冲击上部叶片，然后落到转轮的内部空间，再一次冲击转轮的下部叶片，完成能量转换过程。在工作过程中，转轮中充满水。转轮叶片做成圆弧形或者渐开线形，喷嘴的空口做成矩形并且宽度略小于轮叶的宽度。其结构简单，制造维修方便、运行效率曲线平坦，但运行效率较低，适用于低水头。

（六）阿基米德式水轮机

该型水轮机的叶轮形状类似于阿基米德螺旋线，一般将叶轮放置于较长的水槽内进行发电。最初这种装置用于提水灌溉，可以将河流中的水利用螺旋线提升到较高的位置。

阿基米德式水轮机特别适用于低水头和低流量的来流，而且由于其转速较慢，叶片分布于较长的转轴上，因此，流动截面上堵塞面积小，特别适用于河流湖泊等水生动物需要通过的场合。

（七）正交式水轮机

该型水轮机是用于风力发电的风力机在水轮机中的衍生应用。由于该水轮机转轮叶片的运动轨迹为圆形，所以又称回旋式水轮机。也有相关文献将其归于水动力学水轮机，以区别于大型的水力涡轮机。

正交式水轮机转轮呈圆形，通常有 3~4 个叶片。水轮机转轴既可立式安装，又可卧式安装。在这两种布置中，水流均横过转轴，即水流方向与转轴正交，故称正交式水轮机，又称横向冲击式水轮机。

相比贯流式水轮机，正交式水轮机结构简单，发电机的布置更为灵活。如果按照低速设计制造，可以取消变速箱等装置。

三、水轮机常见的工作参数及选型

水轮机是将水流能量转换为旋转机械能的机械设备，通常用水轮机的工作参数及这些参数之间的关系来表示。水轮机的基本工作参数为工作水头 h、流量 Q、转速 n、水轮机出力 P 和效率 η。

（一）工作水头 h

工作水头是水轮机进口和出口处单位质量水流的能量差值，单位为 m。

（二）流量 Q

水轮机的流量是水流在单位时间内通过水轮机的水量，通常用 Q 表示，单位是 m^3/s。水轮机的流量随着水轮机的工作水头和出力的变化而变化。在设计水头下，水轮机以额定出力工作时期过水流量最大。

（三）转速 n

水轮机单位时间内旋转的次数。

（四）水轮机出力 P 和效率 η

水轮机出力 P 为水轮机轴端输出的功率，常用单位为 W、kW 等。

水流的出力即理论上水流可以全部利用的能量，可以使用式计算

$$P_1 = \gamma Qh = 9.81Qh \qquad\qquad （式5-1）$$

式中，γ 表示水的容重，即单位体积的水产生的重力。

由于水流在通过水轮机进行能量转换的过程中，会产生一定的损耗，损耗包括容积损失、水力损失和机械损失，因此水轮机的输出功率会小于水力的出力。水轮机出力与水流的出力的比值称为水轮机的效率。用 η 表示，即

$$\eta = \frac{P}{P_1} \qquad\qquad （式5-2）$$

目前，大型水轮机的最高效率可到 90%~95%，小型水轮机的最高效率可到 60%~70%。

水轮机将水能转换成水轮机轴端的出力，产生旋转扭矩 M 用于克服发电机的阻抗力

矩，并以角速度 ω 旋转。水轮机出力 P、旋转 1 000 力矩 M 和角速度 ω 之间的关系如下

$$P = M_{\omega} = \pi M n / 30 \qquad (式 5 - 3)$$

在设计水轮机过程中，一般可以根据可用的水头和流量初步确定水轮机的类型，然后根据设计理论进行详细的设计计算。

一般来说，对于低水头、小流量的应用场合，使用双击式水轮机是比较适宜的选择：一方面，避免过多的导流部件如蜗壳、导水机构造成的水头损失；另一方面，由于是冲击转轮的局部叶片，对流量的要求较低。

第二节　建筑给水系统水力发电

一、建筑给水系统的组成

（一）引入管（进户管）

它是从室外供水管网接出，一般需要穿过建筑物基础或外墙，引入建筑物内的给水连接管段。每条引入管应有不小于3%的坡度坡向外供水管网，并应安装阀门，必要时还要设泄水装置，以便管网检修时放水用。

（二）水表节点

水表是用来记录用水量的设备。通常需要根据具体情况可以在每个用户、每个单元、每幢建筑物或一个居住区内设置水表。需单独计算用水量的建筑物，水表应安装在引入管上，并装设检修阀门、旁通管、池水装置等。通常把水表及这些设施通称为水表节点。室外水表节点应设置在水表井内。

（三）升压、降压和贮水设备

当外部供水管网的水压、流量经常或间断不足，不能满足建筑给水的水压、水量要求，或为了保证建筑物内部供水的稳定性、安全性，应根据要求设置水泵、气压给水设备、减压阀、水箱等增压、减压、贮水设备。

（四）管网及给水附件

配水管网是将引入管送来的水输送给建筑物内各用水点的管道，主要包括水平干管、给水立管和支管等。给水附件则包括与配水管网相接的各种阀门、放水龙头及消防设备等。

1. 高层建筑给水系统竖向分区

当建筑物很高时，给水系统需要进行竖向分区。它是指建筑物内的给水管网和供水设备根据建筑物的用途、层数、材料设备性能、维修管理、节约供水能耗及室外管网压力等因素，在竖直方向将高层建筑分为若干供水区，各分区的给水系统负责对所服务区域供水。

（1）不进行竖向分区，底层的卫生器具会承受较大的压力

①龙头开启时，水流呈射流喷溅，影响使用，浪费水量。

②开关龙头、阀门时易形成水锤，产生噪声和振动，引起管道松动漏水，甚至损坏。

③龙头、阀门等给水配件容易损坏，缩短使用期限，增加了维护工作量。

④建筑底部楼层出流量大，导致顶部楼层水压不足，出流量过小，甚至出现负压抽吸，造成回流污染。

⑤不利于节能。理论上讲，分区供水比不分区供水要节能。

因此，高层建筑给水系统必须进行合理的竖向分区，使水压保持在一定的范围。但若分区压力值过低，势必增加分区数，并增加相应的管道、设备投资和维护管理工作量。因此分区压力值应根据供水安全、材料设备性能、维护管理条件，结合建筑功能、高度综合确定，并充分利用市政水压以节省能耗。

分区供水不仅是为了防止损坏给水配件，同时可避免过高的供水压力造成用水不必要的浪费。

（2）高层建筑生活给水系统应竖向分区，竖向分区压力应符合下列要求：

①各分区最低卫生器具配水点处的静水压不宜大于0.45MPa。

②静水压大于0.35MPa的入户管（或配水横管），宜设减压或调压设施。

③各分区最不利配水点的水压，应满足用水水压要求。

④居住建筑入户管给水压力不应大于0.35MPa。

每一分区所包含的建筑物层数与建筑物的性质、供水方式、建筑物的层高等有关，见表5-2。当不采用高位水箱供水时，一般将10~12层划分为一个供水分区。当采用高位水箱供水时，各分区高位水箱要保证各分区最不利点卫生器具或用水设备的流出水头。水箱

相对安装高度，即水箱的最低水位与该区最不利点卫生器具或用水设备的垂直距离应大于等于最不利点的流出水头与水流流经由水箱至最不利点管道和水表的水头损失之和，其值一般约为100kPa（经验数值）。因此，各分区高位水箱不能设置在本区的楼层内，至少应设置在该区以上3层。只有这样才能满足最不利点卫生器具或用水设备流出水头的要求。因此，高位水箱供水，水箱需要设置在该区以上3层，此时分区供水层数有所减少。

表5-2 高层建筑高位水箱供水分区供水楼层

建筑物名称	给水系统压力分区范围值/kPa	楼层高/m	分区工供水/层	备注
住宅、旅游、医院	300~350	2.80	8~9	水箱应设置在该供水区以上3层；住宅分区供水层数可以提高到10层；分区供水管网不设减压及节流装置
		2.90	7~9	
		3.00	7~8	
办公楼	350~450	3.00	9~12	
		3.30	8~11	
		3.50	7~10	

一般来说，建筑高度不超过100m的建筑的生活给水系统，宜采用垂直分区并联供水或分区减压的供水方式；建筑高度超过100m的建筑的生活给水系统，宜采用垂直串联供水方式。

（五）高层建筑给水方式

高层建筑给水方式主要是指采取何种水量调节措施及增压、减压形式，来满足各给水分区的用水要求。给水方式的选择关系到整个供水系统的可靠性、工程投资、运行费用、维护管理及使用效果，是高层建筑给水系统的核心。

高层建筑给水方式可分为高位水箱、气压罐和无水箱三种给水方式。

1. 高位水箱给水方式

这种给水方式的供水设备包括离心水泵和水箱，主要特点是在建筑物中适当位置设高位水箱，起到储存、调节建筑物的用水量和稳定水压的作用，水箱内的水由设在底层或地下室的水泵输送。它又可细分为高位水箱并联、高位水箱串联、减压水箱和减压阀四种给水方式。

（1）高位水箱并联给水方式

各分区独立设高位水箱和水泵，水泵集中设置在建筑物底层或地下室，分别向各分区供水。优点：各区给水系统独立，互不影响，供水安全可靠；水泵集中管理，维护方便；

运行动力费用经济。缺点：水泵台数多，高区水泵扬程较大，高压水管线较长，设备费用增加；分区高位水箱占建筑楼层若干面积，给建筑平面布置带来困难，减少了使用面积，影响经济效益。

（2）高位水箱串联给水方式

水泵分散设置在各分区的楼层中，下一分区的高位水箱兼作上一给水分区的水源。优点：无高压水泵和高压管线；运行动力费用经济。缺点：水泵分散设置，连同高位水箱占楼层面积较大；水泵设置在楼层，防振隔音要求高；水泵分散，管理维护不便；若下一分区发生事故，其上部数分区供水受影响，供水可靠性差。

（3）减压水箱给水方式

整栋建筑的用水量全部由设置在底层或地下层的水泵提升至屋顶水箱，然后再分送到各分区高位水箱，分区高位水箱只起减压作用。优点：水泵数量最少，设置费用降低，管理维护简单；水泵房面积小，各分区减压水箱调节容积小。缺点：水泵运行动力费用高，屋顶水箱容积大，在地震时存在鞭梢效应，对建筑物安全不利；供水可靠性较差。

（4）减压阀给水方式

其工作原理与减压水箱给水方式相同，不同处在于以减压阀代替了减压水箱。与减压水箱给水方式相比，减压阀不占楼层房间面积，但低区减压阀减压比较大，一旦失灵，对阀后供水存在隐患。

如图5-1所示，就高位水箱的4种给水方式而言，由于设置了水箱，水质受污染的可能性增大，因此水箱设置数量越多，水质受污染的可能性就越大；其次，水箱总要占用空间，并有相当的重量，水箱容积越大，对建筑和结构的影响就越大；此外，水箱的进水噪声容易对周围房间环境造成影响。

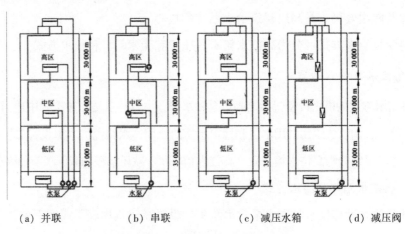

(a) 并联　　　　(b) 串联　　　　(c) 减压水箱　　　　(d) 减压阀

图5-1 高屋建筑高位水箱给水方式

2. 气压罐给水方式

这种给水方式的供水设备包括离心水泵和气压水罐。其中气压水罐为一钢制密闭容器，使气压水罐在系统中既可储存和调节水量，供水时又可以利用容器内空气的可压缩性，将罐内储存的水压送到一定的高度，因此可取消给水系统中的高位水箱。

气压给水装置是利用密闭压力水罐内空气的可压缩性储存、调节和压送水量的给水装置，其作用相当于高位水箱和水塔。水泵从贮水池或室外给水管网吸水，经加压后送至给水系统和气压水罐内，停泵时，再由气压水罐向室内给水系统供水，由气压水罐调节储存水量及控制水泵运行。

这种给水方式的优点：设备可设在建筑物的任何高度上，便于隐蔽，安装方便，水质不易受污染，投资少，建设周期短，便于实现自动化等。但是，这种方式给水压力波动较大，管理及运行费用较高，且调节能力小。

3. 无水箱给水方式

人们对水质的要求越来越高，国内外高层建筑采用无水箱的调速水泵供水方式成为工程应用的主流。无水箱给水方式的最大特点是省去高位水箱，在保证系统压力恒定的情况下，根据用水量变化，利用变频设备来自动改变水泵的转速，且使水泵经常处在较高效率下工作。缺点是变频设备相对价格稍高，维修复杂，一旦停电则断水。

变频调速水泵是采用离心式水泵配以变频调速控制装置，通过改变电动机定子的供电频率来改变电动机的转速，从而使水泵的转速发生变化。通过调节水泵的转速，改变水泵的流量、扬程和功率，使出水量适应用水量的变化，实现变负荷供水。水泵的转速变化幅度一般在其额定转速的80%～100%内。在这个范围内，机组和电控设备的总效率比较高，可以实现水泵变流量供水时保持高效运行。

变频调速供水的最大优点是高效节能。当系统用水量减少时，水泵降低转速运行，根据相似定律，水泵的轴功率与转速的三次方成正比，转速下降时轴功率下降极大，所以变频调节流量在提高机械效率和减少能耗方面是显著的，该设备比一般设备节能10%～40%。另外，变频调速水泵占地面积小，不设高位水箱，减少了建筑负荷，节省水箱占地面积，还能有效避免水质的二次污染，给水系统也可以随之相应简化。

由于建筑物情况各异、条件不同、供水可采用一种方式，也可采用几种方式的组合(如下区直接供水，上区用泵升压供水；局部水泵、水箱供水；局部变频泵、气压水罐供水；局部并联供水；局部串联供水等)。管道可以是上行下给式，也可以是下行上给式等。所以，工程中供水方案一般由设计人员根据实际情况，在符合有关规范、规定的前提下确定，力求以最简便的管路经济、合理、安全地满足供水需求。

二、建筑给水系统发电潜力

从建筑给水系统的组成中，可以看出为了保证建筑中水压分布均匀，需要使用各种加压和减压设备，如水泵和减压阀。减压阀是一种高层建筑中很常用的减压装置。通过调节减压阀阀门，可以将管道进口压力减至某一需要的出口压力，并依靠介质本身的能量，使出口压力自动保持稳定。从流体力学的观点看，减压阀是一个局部阻力可以变化的节流元件，即通过改变节流面积，使流速及流体的动能改变，造成不同的压力损失，从而达到减压的目的。通过控制与调节系统的调节，使阀后压力的波动与弹簧弹力相平衡，使阀后压力在一定的误差范围内保持恒定。

若能使用微型水力发电装置来取代减压阀，通过回收多余水压的方式来发电，也是可再生能源在建筑中的一种应用形式。

（一）建筑给水发电系统

假设一个地上 30 层、地下 1 层的住宅建筑，层高为 3m，每层住有 5 户家庭，每个家庭 4 人。给水系统分为 4 个区：一区为 6 层及 6 层以下，直接利用城市自来水压力供水；二区为 7~14 层；三区为 15~22 层；四区为 23~30 层。四区采用变速水泵直接供水，二区和三区采用变速水泵分别设置减压阀供水。也就是前面提到的无水箱减压阀给水方式。这种方式是目前高层建筑中普遍采用的一种给水方式。由于需要保证最不利配水点的水压要求，而在位于有利配水点的建筑物给水系统引入管处通常有潜力进行发电。另外，高层建筑分层供水后，不同分区之间的压差需要用减压阀减去，也有潜力进行发电。

（二）建筑给水发电系统每日发电潜力

建筑给水发电系统每日发电潜力与可用水头和每日用水量有关。城市配水管网的供水水压宜满足用户接管点处服务水头 28m 的要求。28m 相当于把水送至 6 层建筑物所需的最小水头。目前大部分城市的配水管网为生活、生产、消防合一的管网，供水水压为低压制，不少城市的多层建筑屋顶上设置水箱，对昼夜用水量的不均匀情况进行调节，以达到较低压力的条件下也能满足白天供水目的。

对于高层建筑，给水从市政给水系统进入贮水池处的压力可以进行利用，因此该处可用水头约为 25m。可用水量需要根据建筑用水量进行计算。

生活用水量根据建筑物的类别、建筑标准、建筑物内卫生设备的完善程度、地区条件等因素确定。生活用水在一昼夜间是极不均匀的，并且"逐时逐秒"都在变化。生活用水量按用水量定额和用水单位数确定。

（三）建筑给水发电系统瞬时发电潜力

建筑给水发电系统瞬时发电潜力与可用水头和水管中水的流速有关。水的流速与瞬时用水量和水管管径有关。水管管径和给水系统所需压力是给水管网系统水力计算的主要目的。对于低层分区系统需要复核室外管网提供的水压是否满足低区给水系统所需压力；对于中区和高区给水系统需要确定给水所需压力并为水泵选择提供依据。

在这里由于二区、三区和四区的给水管网类似，可用水头之差来源于位置水头，因此，不进行压力的校核，仅适用压头差分别为48m和24m。而流量与流速需要根据考虑同时使用系数，它们可以用设计秒流量的计算方法来计算。设计秒流量是根据建筑物内卫生器具类型数量和这些器具满足使用情况的水用量来确定，得出的建筑内卫生器具按最不利情况组合出流时的最大瞬时流量。对于建筑物内的卫生器具，室内用水总是通过配水龙头来体现的，但各种器具配水龙头的流量、出流特性各不相同，为简化计算，以污水盆用的一般球形阀配水龙头在出流水头为2m全开时的流量0.2L/s为1个给水当量（N），其他各种卫生器具配水龙头的流量以此换算成相应的当量数。各种卫生器具的给水额定流量、当量由连接管公称直径和最低工作压力确定。

（1）表中括弧内的数值是在有热水供应时，单独计算冷水或热水时使用。

（2）当浴盆上附设淋浴器时，或混合水嘴有淋浴器转换开关时，其额定流量和当量只计水嘴，不计淋浴器。

（3）家用燃气热水器，所需水压按产品要求和热水供应系统配水点所需工作压力确定。

（4）绿地的自动喷灌应按产品要求设计。

（5）当卫生器具给水配件所需额定流量和最低工作压力有特殊要求时，其值应按产品要求确定。

计算设计秒流量有三种方法，分别是经验法、平方法和概率法。住宅建筑生活给水管道设计秒流量采用概率法，按下列步骤和方法计算。

（1）根据住宅配置的卫生器具给水当量、使用人数、用水定额、使用时数及小时变化系数，可按式计算出最大用水时卫生器具给水当量平均出流概率

$$U_0 = \frac{100 q_L m K_h}{0.2 \cdot N_R \cdot T \cdot 3600}(\%) \qquad (式5-4)$$

式中，U_0 表示生活给水管道最大用水时卫生器具给水当量平均出流概率，%；q_1 表示最高用水日的用水定额；m 表示每户用水人数 K_h 表示小时变化系数；N_R 表示每户设置的卫生器具给水当量数；T 表示用水时数，h；0.2 表示一个卫生器具给水当量的额定流量，L/s。

（2）根据计算管段上的卫生器具给水当量总数，可按式计算得出该管段的卫生器具给水当量的同时出流概率

$$U = 100 \frac{1 + \alpha_c (N_g - 1)^{0.49}}{\sqrt{N_g}}(\%/0) \qquad (式5-5)$$

式中，U 表示计算管段的卫生器具给水当量同时出流概率，%；α_c 表示对应于不同 U_0 的系数，按表5-3选用。

表5-3　$U_e - a_e$ 值对应表

U_0	a_e	U_0	a_e	U_0	a_e
1.0	0.003 23	3.0	0.019 39	5.0	0.037 15
1.5	0.006 97	3.5	0.023 74	6.0	0.046 29
2.0	0.010 97	4.0	0,028 16	7.0	0.055 55
2.5	0.015 12	4.5	0.032 63	8.0	0.064 89

（3）根据计算管段上的卫生器具给水当量同时出流概率，可按式计算该管段的设计秒流量

$$q_g = 0.2 \cdot U \cdot N_g \qquad (式5-6)$$

式中，q_g 表示计算管段的设计秒流量 L/s。

（4）给水干管有两条或两条以上具有不同最大用水时卫生器具给水当量平均出流概率的给水支管时，该管段的最大用水时卫生器具给水当量平均出流概率应按式计算

$$\overline{U_0} = \frac{\sum U_{0i} N_{gi}}{\sum N_{gi}} \qquad (式5-7)$$

式中，$\overline{U_0}$ 表示给水干管的卫生器具给水当量平均出流概率，$\overline{U_{0i}}$ 表示支管的最大用水时卫生器具给水当量平均出流概率；N_{gi} 表示相应支管的卫生器具给水当量总数。

假设建筑中每个家庭均拥有两卫一厨，每个卫生间有浴盆、坐便器、洗脸盆各一，每个厨房有洗涤盆一个。通过查得卫生器具及当量为：洗涤盆1.0，低水位坐便器0.5，洗脸

盆 0.75，浴盆 1.2。通过式计算户内当量为 $N_g = 2 \times (0.5 + 0.75 + 1.2) + 1.0 = 5.9$，于是平均出流概率为

$$U_0 = \frac{100 \times q_L \times m \times K_h}{0.2 \times N_g \times T \times 3600}(\%) = \frac{100 \times 200 \times 4 \times 2.5}{0.2 \times 5.9 \times 24 \times 3600}(\%) = 1.96\% \quad (式\ 5-8)$$

查表 5-4 得，$\alpha_c = 0.010\ 65$。B 处和 C 处的卫生器具给水当量总数为 Ng＝236，于是可以得到设计秒流量为

$$q_g = 0.2 \cdot U \cdot N_g = 0.2 \times 1.96\% \times 236 = 9.25 \mathrm{L/s} \qquad (式\ 5-9)$$

三、建筑给水系统发电实例

（一）CLA-VAL 发电系统

CLA-VAL 开发了一种可以安装在自动控制阀上的独立发电系统，它能利用阀门两边的压降发最大 14W 的电能，用以驱动阀门处的用电设备，如流量计、压力计等。

表 5-4　CLA-VAL 发电系统能达到的最高输出功率

输出电压/V	连续最高输出功率/A	不连续最高输出功率/A
12	1.2（14W）	3.5（42W）
24	0.6（14W）	1.7（42W）

（二）香港理工大学微型水力发电系统

香港理工大学开发了一种微型水力发电系统用于管道内利用剩余水压发电。这种微型水力发电机可以通过在管道上增加一个 T 形管，方便地添加到已有的建筑给水系统中。

为了对这种微型水力发电系统的性能进行分析，高压水泵将水箱中的水抽出，经过微型水力发电系统后回到水箱。压力表可以测量系统中的压力，可以用来模拟建筑给水系统中不同的压力情况。流量计和压差计可以分别测量经过微型水力发电系统的流量和消耗的水头，与发电量对比，可以得到在管道中使用不同流通面积的挡块时，微型水力发电机的发电量和消耗的水头与流速的关系。当使用流通面积越大的挡块，系统发电量越能在小流速下发出电。随着流速的增大，发电量增大，同时消耗更多的水头。如同样发出 50W 的电，使用这种挡块需要流速 0.83m/s，消耗水头约 5.9m；而使用流通面积小的挡块需要流速 1.20m/s，消耗水头约 2m；当不使用挡块时，需要流速 3.05m/s，消耗水头约 3.3m。

为了验证微型水力发电系统在实际应用中的效果，系统被装在一座商用大厦中，通过系统的水会供给大厦中部分商户使用，发出的电力先储存在电池中，需要时，可供照明使用。

四、建筑给水系统发电设备设计

受限于机房的空间以及布置便利性要求，在给水系统中应用的微型水力系统的水轮机需要满足如下原则：

第一，不改变原有管网的布置形式。

第二，结构简单可靠。

第三，安装部署满足"即插即用"原则，部署时间短，不影响管网原有的功能。最大可利用压头为5m。

综合考虑了结构形式及安装特点后，决定采用如下布置形式：

第一，水轮机采用垂直轴布置形式，发电机置于水管上方。

第二，水轮机与发电机通过联轴器进行连接，密封结构采用机械密封结构。

第三，在原有水管上开100mmT形连接口，整套发电系统直接通过该破口与管道匹配连接。

但部署该套设备，需要对原有管路整体进行切割处理，工程量较大。因而无法直接应用在该项目中。

受该产品设计思想启发，借鉴风力发电机组的结构特点，针对100mm直径的给水管网开发了阻力型叶片的水力发电机组。

在产品开发初期，针对功率输出指标，结合管道开口的详细外形尺寸，进行了大量的CFD模拟计算，初步获得了一些影响功率输出的参数及其优化措施，在此基础上，制造了一些原理样机进行试验。

（一）CFD模拟仿真

CFD是计算流体动力学的简称，其采用有限体积法的思想在计算机上模拟包含流动、传热等的复杂物理过程，为产品详细设计提供一定的参考。CFD分析技术在旋转机械开发、流动、传热传质机理研究领域都有了大规模的工程化应用。

在产品设计过程中采用CFD模拟后，使产品在研发初期可以覆盖尽可能多的设计方案，同时也避免了传统设计过程中制造物理样机的盲目性和随机性，可以大幅缩短产品开发周期，降低研发成本。

采用CFD进行产品设计的一般步骤如下：水轮机属于旋转机械的分支，对于叶片的设计和开发，经历了一维流动假设、二维流动假设、准三维流动假设三个阶段后，随着计算能力的提高以及湍流相关理论的完善，直接考虑流场的三维黏性流动特性并进行CFD模拟是必然的趋势。

表 5-5　CFD 软件的输入

材料	常物性的水
物理模型	湍流模型：sst-kw 模型
边界条件	运动模式：滑移网格 叶片转速，覆盖整个性能曲线
监测结果	来流速度：1.5m/s

（二）水轮机设计历程

首先对管道内的某典型叶片原型进行数值模拟，了解影响功率输出的影响因素。在计算趋于稳定后，提取计算结果进行分析。扭矩输出曲线可以看出，在流动趋于稳定后，轴功率的输出呈现一定的周期性。取功率在旋转一周的平均值可以认为是该型水轮机的理论输出功率。

通过对称面上的压力分布可以看出，对于逆时针方向旋转的该型叶轮，后行叶片的迎水面与背水面的压力差产生正向即逆时针方向的扭矩，而前行部分叶片的压差抵消了部分正扭矩，因此从整体上造成了合扭矩偏低。如要更好地利用正扭矩而削弱负扭矩，可以考虑在叶轮上游添加一定的导流部件，改变水流的速度和方向，提高叶轮的功率输出。

（三）导流部件设计

针对导流部件的设计，借助于 CFD 模拟做了大量的外形以及尺寸的优化，优化的原则既使流动阻力尽可能小，又使水流尽可能以比较大的动能冲击叶轮，提高能量转换效率。在此原则下，确定最后的产品设计样式。为加入导流部件后叶片周围的流速分布，导流部件的过水断面较小。根据原理，流动面积缩小，流速增加，水流的动能增加，水的总水头大部分转化为水的动水头，这样，可以较高的动能冲击后行叶片；与此同时，前行叶片由于导流部件的遮挡，没有直接受到水流冲击，从整体上提升了转换效率。当然由于加入了导流部件，不可避免地造成了总压损失。因此，在设计过程中，优化导流部件的断面形状，使得局部水力损失尽可能小。叶片及导流部件的表面网格，在 CFD 分析中，通过局部加密的手段，使叶片周围的网格尽可能小，这样可以更好地捕捉周围的流态。为优化设计后定型的导流部件及叶片外形，通过验证不同导流部件的表面倾角及曲面外形，可以使水流更加集中地冲击部分叶片，进而提高能量转换效率。针对不同的导流部件，分别进行 CFD 模拟和实验，结果对比见表 5-6。

表 5-6　模拟与实验结果对比

结构形式	理论轴功率（W）-CFD 模拟	实际输出功率（W）-实验结构
无导流部件	0.1	0
楔面导流部件	26	12
孔形导流部件	67	32

通过表 5-6 可以看出，CFD 计算的轴功率模拟与实验结果对比率数值高于实验的发电功率。这是由于 CFD 结构形式理论轴功率实际输出功率模拟中无法考虑发电机负载及机械损耗，因此（W）-CFD 模拟（W）-实验结果得到的是理论轴功率。但通过 CFD 可以更好地揭示不同方案的趋势及优劣，为后期的方案定型提供依据。最终，通过优化导流部件的过流能力以及叶片数量，可以满足在 1.5m/s 的低来流速度下 80W 的实际功率输出。

第三节　建筑排水系统水力发电

一、建筑排水系统的组成

建筑排水系统一般由图 5-2 所示部分组成。

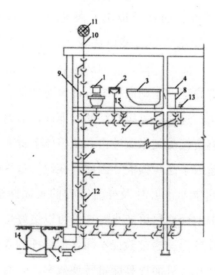

图 5-2　建筑排水系统

1——坐便器冲洗水箱；2——洗脸盆；3——浴盆厨房洗盆；5——排水出户管；6——排水立管；7——排水横支管；

8——排水支管；9——专用通气管；10——伸顶通气管；11——通风帽；12——检查口；13——清通口；

14——排水检查；15——地漏

1. 卫生器具和生产设备受水器

它们是用来承受用水和将用后的废水、废物排泄到排水系统中的容器。建筑内的卫生器具应具有内表面光滑、不渗水、耐腐蚀、耐冷热、便于清洁卫生、经久耐用等性质。

2. 排水管道

排水管道由器具排水管（连接卫生器具和横支管之间的一段短管，除坐式大便器外，其间含有一个存水弯）、横支管、立管、埋设在地下的总干管和排出到室外的排出管等组成，其作用是将污（废）水能迅速安全地排到室外。

3. 通气管道

卫生器具排水时，须向排水管系补给空气，减小其内部气压的变化，防止卫生器具水封破坏，使水流畅通；须将排水管系中的臭气和有害气体排到大气中去，须使管系内经常有新鲜空气和废气之间对流，可减轻管道内废气造成的锈蚀。

因此，排水管线要设置一个与大气相通的通气口。

4. 清通设备

为疏通建筑内部排水管道，保障排水畅通，常须设置检查口、清扫口及带有清通门的90°弯头或三通接头、室内埋地横干管上的检查井等。

5. 提升设备

当建筑物内的污（废）水不能自流排至室外时，需设置污水提升设备。建筑内部污废水提升包括污水泵的选择、污水集水池容积的确定和污水泵房设计，常用的污水泵有潜水泵、液下泵和卧式离心泵。

6. 污水局部处理构筑物

当室内污水未经处理不允许直接排入城市排水系统或水体时须设置局部水处理构筑物。常用的局部水处理构筑物有化粪池、隔油井和降温池。

化粪池是一种利用沉淀和厌氧发酵原理去除生活污水中悬浮性有机物的最初级处理构筑物，由于目前我国许多小城镇还没有生活污水处理厂，所以建筑物卫生间内所排出的生活污水必须经过化粪池处理后才能排入合流制排水管道。

隔油井的工作原理是使含油污水流速降低，并使水流方向改变，使油类浮在水面上，然后将其收集排除，适用于食品加工车间、餐饮业的厨房排水、由汽车库排出的汽车冲洗污水和其他一些生产污水的除油处理。

一般城市排水管道允许排入的污水温度规定不大于40℃，所以当室内排水温度高于

40℃（如锅炉排污水）时，首先应尽可能将其热量回收利用。如不可能回收，在排入城市管道前应采取降温措施，一般可在室外设降温池以冷却。

二、建筑排水系统发电潜力

从建筑排水系统的组成中，可以看出建筑排水从高处落到低处的能量被浪费了，可以通过微型水力发电装置将能量回收发电。

（一）建筑排水发电系统

建筑排水发电系统，通过在中层放置水箱，底层放置涡轮机来发电。由于建筑排水中含有一些杂物易阻塞管道，因此排水发电系统需要设置水箱进行杂物与水的分离。如图5-3所示，在建筑中层设置收集污水废水的水箱，当水位较低时，关闭下方阀门，储存污水；当水位达到一定值时，打开下方阀门，让污水一次通过。这样可以使管道中的水流更加容易集中，避免小流量时，发电系统无法发出电。

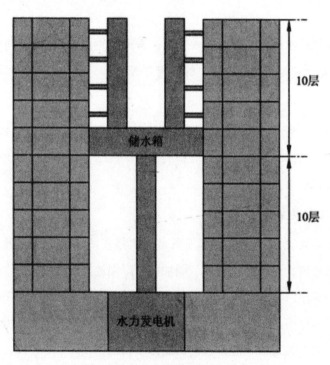

图5-3　建筑排水系统中微型水力发电

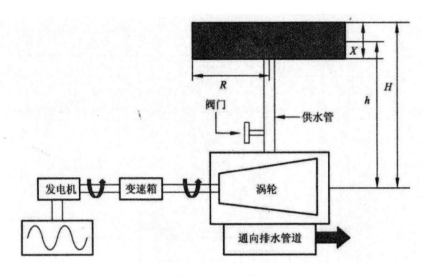

图 5-4 建筑排水发电系统的原理图

图 5-4 所示为一建筑排水发电系统的原理图，其系统工作流程如下。

1. 一个半径为 R，高度为 X 的储水箱放置在距地面 H-X 的地方。在储水箱上方楼层用过的水通过管道进入储水箱。

2. 储水箱中设有水位传感器。当水箱中的水达到所需的高度，传感器会传送信号到楼层底部的阀门。

3. 阀门打开时，水从储水箱中流出。管道的底部装有涡轮，水从高度为 h 的地方流下冲击涡轮，使涡轮转动。

4. 涡轮的选择需要基于水流的压力和流量。这里的水流具有流量小、压力大的特点，因此水斗式水轮机是一个很好的选择。

5. 涡轮与交流发电机通过变速箱连接。变速箱可以使发电机的输出频率稳定。

6. 产生的电力可以直接使用或是储存在电池中以后使用。

（二）建筑排水系统发电模型

图 5-5 所示为一典型建筑中的用水统计，建筑中约有 76% 的生活用水可以在经过一些初步净化后用于发电。净化后的水不含固体颗粒，可以被送到涡轮处，不会引起堵塞。

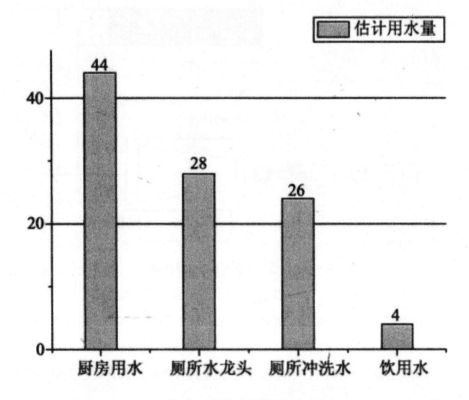

图 5-5　居住建筑估计用水率

假设有一幢 20 层的高层建筑，每层住有 100 人，每层高度为 3m，那么可以利用的排水系统水量为

$$Q = 171 \times 100 （人数） \times 10 （层） \times 0.76 = 130 m^3$$

假设水箱的半径 R = 1.855m，水箱高度 X = 3m，那么水箱的体积为

$$V_{tank} = \pi \times R \times R \times X = 32.4308 m^3 \qquad （式 5 - 10）$$

假设水管的半径 r = 0.03175m，水管内水的体积为

$$V_{duct} = \pi \times r \times r \times (H - X) = 0.0855 m^3 \qquad （式 5 - 11）$$

可用水头为

$$h = \frac{V_{tank} \times \left(H - \dfrac{X}{2}\right) + V_{duct} \times \dfrac{X}{2}}{V_{tank} + V_{duct}} = 28.344 m \qquad （式 5 - 12）$$

三、建筑排水系统发电研究

通过建筑排水系统发电实验，发现最低的水箱高度约为 30m 或 10 层，此时发电量比较高。该实验使用的是培尔顿涡轮机，通过特殊设计的水斗，可以将通过喷嘴喷射的高速

水射流的动能转换为涡轮的轴功。其运行效率可以达到70%。图5-6所示为中水发电用水轮机。

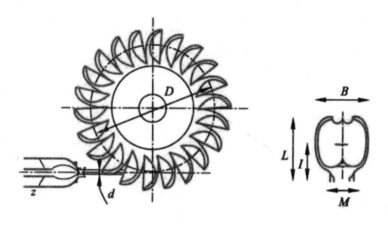

图5-6　中水发电用水轮机

第四节　建筑冷却水与雨水系统水力发电

一、建筑冷却塔水力发电

冷却塔是利用空气同水的接触来冷却水的设备，现有的冷却塔一般是用电动机通过联轴器、传动轴、减速器来驱动冷却塔的风机，风机的抽风使进入冷却塔的水流快速散热冷却，然后又由水泵加压将水流输送到需要用水冷却的设备使用后，再引入冷却塔冷却，达到冷却水的循环使用。

由于冷却水在热交换设备和冷却塔之间的循环是通过水泵来驱动的。在设计、制造、选型及使用中，应考虑可靠性等多种因素，使该系统的水泵有大量的富裕扬程和流量，这主要表现在以下几个方面。

第一，每个循环水系统的水量很难精确计算，因此一般都会给予10%~20%的余量来确定水泵的流量。

第二，在整个循环水系统中，每段水管、弯头都有一定的阻力，冷却塔的位置高低、换热部件的阻力及压力要求都会在系统中产生阻力，这些阻力也不能很精确地计算出来，所以，工艺工程师计算的阻力值只是一个大概的数据，根据这个数值在选型水泵的扬程时，考虑更安全且满足生产需求的。在克服所计算出的阻力数值的基础上至少加 10%～20%的余量来选型，整个循环系统中扬程一定是富余的。

一台冷却塔在设计完成以后，其循环水流流量和富余水头基本上是固定不变的，目前国内冷却塔中的循环冷却水流量为 300～4 000t/h，而富余水头为 6～16m。

通过在传统冷却塔上部增加一个微型水轮机，就可以回收这部分富裕的压头，水轮机产生轴功率可以用来直接驱动风机进行热量交换，无须为驱动风机安装额外的电动机。相应的减速器、联轴器等配套附件都可以忽略。

该项改造方案具有广阔的应用前景，从能源转换效率上来说，充分利用了循环水泵所具有的余压，节约电能。技术上更加可靠，也根除了电动机、电控和减速器漏电、漏油、烧毁和损坏的隐患，为完全运行提供保证；此外，水轮机的质量小于取代的电机、减速器、传动中三者之和，使冷却塔重心下移，增加运行环境安全性。改造前由于电动机转速过高引起的震动和噪声问题也得到解决。此外，采用水动风机后，冷却塔直接获得了自我调节的特性，随着热负荷的变换，水动风机的转速相应跟随循环水流量而改变，这样使冷却塔的汽水比稳定在最佳状态，达到最佳的冷却效果。

当然，由于水力涡轮的过流能力受到冷却塔循环水流量的制约，直接套用大型水利工程上应用的反击式水轮机会带来问题，因此必须根据冷却塔的工作特性合理选择匹配的微型水力涡轮机。

二、建筑雨水系统水力发电

我国的雨水资源十分丰富，具有很广阔的开发应用前景。可供选择的雨水发电方案设计有如下三种：

1. 阵列式分布发电系统

此发电系统利用单位面积接收到的雨水冲击驱动叶轮转动，将雨水的能量转化为机械能，进而驱动发电机将机械能转化为电能送入用电装置中。该系统的一大特点是由很多发电单体组成，单个装置占地面积不大（通常不大于 1.5m），电量较小，因而该系统组装采用地毯式阵列分布形成覆盖式的发电网阵。将各个发电装置所发出的电汇集后输出。

针对目前住宅楼的楼顶多为平顶结构，该系统的布置主要集中在房顶，也可作为景观灯供电设备，其优点是不占用陆地资源，雨水能为清洁能源，对环境无污染，而且不影响居民的日常生活，维护费用低。其缺点是初期投入较大，安装调试过程烦琐。

2. 汇流式发电系统

此发电系统利用在高处将已经落下的雨水汇流到一起，在低处安装水流发电机，发电机与汇流的水流之间通过管道连接，利用两处的势能差使水流具有一定的能量，从而驱动水力发电机工作。水的能量被用来发电的同时，发电机流出的水也可以再次收集作为人们生活用水和灌溉用水等。

目前高层建筑均具有楼顶排水系统，但几乎都是将雨水通过这些排水管道排入地下污水管道中。此系统的特点是将落入高层建筑顶端的雨水通过楼顶排水管道暂时收集在一个集水塔中，这些管道从楼顶的各个方向将水流引向此集水塔，另有一管道从集水塔底部引出作为集水塔的排水通道，此排水通道将水笔直排向建筑物底部的水流发电机组中进行发电。由于此系统直接利用收集后的雨水流过水流发电机的内部转子，因而对水中的杂质要予以清除，以防损坏水流发电机或其叶片，这就需要在集水塔的出口端或入口端设置过滤器。

该系统的主要优点是发电量大，短时发电均匀，可以控制流入水流发电机的流量而控制发电量，初期投入较小，应用范围广，农村城市均可建设。缺点是需要专门建造集水塔，并且要安装过滤器设备，维护费用较高，对建筑物的防水和结构强度要求较高。

3. 混合式一体化发电系统

此发电系统即为阵列式分布发电系统与汇流式集中发电系统的混合系统。由于阵列式分布发电系统与汇流式集中发电系统所利用的雨水能量的层面不同，因而可以采用阵列式分布发电系统利用雨水的第一级能量发电，而采用汇流式集中发电系统利用雨水的第二级能量发电。在建筑物的顶端设置阵列式分布发电系统主要利用雨水降落时的能量，而在雨水落在建筑物顶端以后，通过各汇流管道将雨水收集在高处集水塔中而采用汇流式集中发电系统进行发电。该系统具有充分利用雨水不同层面能量的优点，发电量大，工作可靠。但缺点是初期投资大，对建筑物的结构要求高，在第二级发电系统处须设置过滤装置。

第六章 绿色建筑与热回收技术

我国的建筑能耗中暖通空调系统的能耗所占比例高达 50%～60%，其中新风能耗的比例约为 25%～30%。如果为提高室内空气品质而增大新风量的要求，将大大增加空调系统的能耗，加剧能源匮乏与高需求之间的矛盾；从另一个角度看，正因为空调系统能耗所占比例较高，其节能潜力也颇为可观。这里的节能不同于石油危机爆发时的盲目节能，而是在首先满足为人们提供舒适、健康的室内环境的前提下，尽量提高能源利用效率。以此背景为契机，各种热回收技术被广泛应用于绿色建筑系统中，包括热管技术、热电技术、复合冷凝技术、转轮式全热回收技术、膜式全热回收技术、溶液式全热回收技术、间接蒸发冷却技术等。本章将详细论述各种热回收技术的原理及其进展，并分析其节能经济效益，最后展示这些热回收技术在绿色建筑中的应用案例。

第一节　热管技术

一、热管技术原理

（一）整体式热管运行原理

整体式热管的运行原理用圆柱形几何形状比较容易理解，如图 6-1 所示。热管是一个包括管壁和端盖的封闭腔体，热管内部包含吸液芯和工质。热管沿长度方向可分为三部分：蒸发段、绝热段和冷凝段。一个热管可以有多个热源或热汇，可以包含或者不包含绝热段，均由其特殊的应用和设计决定。外部热源向蒸发段输入热量，通过管壁和吸液芯的导热作用传给工质，使工质蒸发，变成蒸汽。蒸汽经过绝热段流向冷凝段，在冷凝段释放潜热凝结成液体，在毛细驱动力的作用下回流至蒸发段，实现热量的传输。毛细驱动力是由吸液芯结构的表面张力产生，它将冷凝液泵回蒸发段。这样，热管就可以反复循环将蒸发段热量通过汽化潜热传输至冷凝段。只要可以产生足够的毛细力使冷凝段液体回流至蒸发段，这个过程就会连续不断进行。

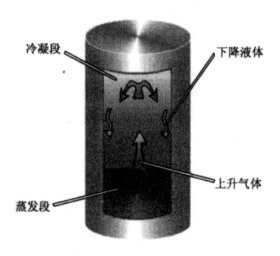

冷凝段　下降液体

上升气体

蒸发段

图 6-1　热管运行原理图

一方面，在蒸发段由于液体藏于吸液芯结构孔道之后，气液界面的曲度很大；另一方面，由于冷凝过程，冷凝段曲度接近于零。因为工质表面张力和曲度使得气液界面处产生毛细压差。气液界面的曲度差造成毛细力沿热管不同。毛细压差梯度使得液体克服气液压力损失和反向体积力（如重力）回流。

从热源向蒸发段内液——汽界面的传热基本上是一个传导过程。对于水或酒精这类低导热率的流体来说，由于吸液芯的导热率比流体高，因此热能差不多完全靠多孔吸液芯结构传导。但是，对高导热率的液态金属来说，热量既通过吸液芯结构导热，也被毛细孔内的液体所传导，对流传热是很小的，因为要产生任何有意义的对流流动，毛细孔空间太小，取决于工质和吸液芯材料、吸液芯厚度以及径向净热通量。这个温降是沿热流通路的温度梯度主要构成因素之一。

在热能传递到液-汽分界面附近以后，液体就可能蒸发，与此同时，从表面离开的净质量流使液-汽分界面缩回到吸液芯结构里面，造成一个凹形的弯月面，这个弯月的形状对热管工作原理有决定性的影响。在单个毛细孔上的简单力学平衡表明：对于球形分界面，蒸汽压力超过液体压力的数值等于两倍表面张力除以弯月面半径。这个压差是液体流动和蒸汽流动两者的基本推动力。它主要与循环时作用于液体的重力和黏滞力相对抗。但是，如果热通量增高，则弯月面还要进一步缩入吸液芯里面，而呈现一个更复杂的形，最后它可能妨碍毛细结构内的液体流动。一旦液体吸收了汽化潜热而蒸发后，蒸汽就开始通过热管的蒸汽腔向冷凝段流动,此流动是由在蒸汽腔内占优势的小压差引起的,蒸发段内的温度比冷凝段内的温度稍微高一些,从而造成了这个压差。这个温降常常作为热管工作成功与否的一个判据。如果此温差小于2℃,则热管常常被说成是在"热管工况"下工作,即等温工作;在蒸汽向冷凝段流动的同时,从蒸发段的下游部分不断加进补充的质量,因此,在整个蒸发段内轴向的质量流量和速度是不断增加的,在热管的冷凝段则出现相反的情况。

热管的蒸发段内和冷凝段内的蒸汽流动,在动力学上与通过多孔壁注入或吸入的管内流动是等价的。流动可以是层流,也可以是湍流,取决于热管的工作情况。当蒸汽流过蒸发段和绝热段时,由于黏滞效应和加速度效应,压力不断下降。一旦达到冷凝段,蒸汽就开始在液体-吸液芯表面上冷凝,减速流动使部分动能回收,从而使在流体运动方向压力有所回升。值得注意的是,蒸汽腔内的驱动压力要比蒸发段与冷凝段内流体的蒸汽压差稍微小一些。这是因为要维持一个连续蒸发的过程,蒸发段内流体的蒸汽压必须超过相邻液体的蒸汽压。

当蒸汽冷凝时,液体就浸透冷凝段内的毛细孔,弯月面有很大的曲率半径,从而实际上可以认为它基本上是无穷大的。在热管内只要有过量的工质就一定集中在冷凝表面上,从而保证有一个平的分界面。冷凝热通过吸液芯-液体基体和管壳壁传给热汇。如果有过量液体存在,从分界面到管壳外面的温降将比蒸发段内相应的温降大。事实上,有些研究人员认为冷凝段内的热阻是热管设计中应考虑的主要参量之一。

最后,由于毛细作用,冷凝液通过吸液芯被"送"到蒸发段,通常把液体流动看作层流,并假定被黏滞力所支配。由于黏滞损失,当热管在重力场下工作时,还因高度的增加,压力沿液流通路是下降的。

(二) 分离式热虹吸管的工作原理

分离式热管(又名分体热虹吸热管),是在闭式热虹吸管技术的基础上发展起来的一项高效传热技术。与普通的吸液芯热管不同的是:闭式热虹吸管属于无吸液芯热管,依靠重力回流形成热虹吸。热管蒸发段在下,冷凝段在上,蒸发段底部有液池,当有热量输入的时候,液池内工质蒸发形成蒸汽,蒸汽上升通过绝热段流向冷凝段,蒸汽在冷凝段释放潜热冷凝,依靠重力流回到蒸发段。由于热虹吸管的高效性、可靠性及经济性,在许多方面得以应用:保持永冻层;防止路面结冰;涡轮片的冷却以及在换热器中的传热;等等。分离型热虹吸管的加热段和冷凝段分开放置,管束把蒸发段或冷凝段各自组合起来,通过一根上升管和回流管将分离开的两组管束连接起来,热管工作介质在闭合回路中同向循环。这种热管换热器将高温侧和低温侧分成两个单独壳体，中间不设置隔板，两流体不会因泄漏而相混。

分离型热管工作时，热流体横掠组合蒸发段，管内工质受热沸腾，蒸汽在蒸发段上部的接管汇集进入总管内，将热量传给横掠过组合冷凝段的冷流体。蒸汽放热后，冷凝为液体依附于管壁，冷凝液体在重力的作用下经连接管回流到组合蒸发段的下接管，这样就形成了闭式循环。为排放不凝气体，可在组合冷凝段下接管装设不凝气体分离排放装置。

分离式热管中冷凝段的布置必须高于蒸发段。在正常稳定工作过程中，液体下降管与蒸发段液面形成一定的液位差。该液位差可以平衡蒸汽流动和液体流动压力损失，同时保证系统在正常运行时蒸发段和冷凝段间的最低位置差，是液体回流的驱动力。此外，当组合冷凝段不能布置在组合蒸发段上方时，可采取辅助升液装置，将少量热流体导入升液装置，使工质沸腾，利用气液混合物体积膨胀向高处输送工质。

二、热管发展历史及现状

众多传热元件中，热管是所知的最有效的传热元件之一，它可将大量热通过很小的截面积远距离传输而无须外加动力。热管最初是设想一装置由封闭的管子组成，在管内液体吸热蒸发后，由下方的某一装置放热冷凝，在无任何外加动力的前提下，冷凝液体借助管内的毛细吸液芯所产生的毛细力回到上方继续吸热蒸发，如此循环，达到热量从一处传输到另一处的目的。热管的热导率已超过任何一种已知的金属，至此热管才开始受到重视。由于热管构思的先进性和巧妙性，以及在应用中展露出的强大生命力，引起了传热界的极大兴趣。适用于液态金属热管启动过程的黏性极限理论。对被液体所浸透的多孔物质中的蒸发沸腾传热做了大量研究。

除了对热管理论进行研究外，还对热管在空间技术和地面各领域的应用进行了广泛的探索。热管的另一种类型——可控热管的设想，设计不用毛细芯，而是利用管子旋转产生的离心力使液体从冷凝段回到蒸发段，称为旋转热管。它可用来冷却旋转物体。

热管技术首先在卫星的温度控制上取得应用。实验室将一根实验用不锈钢水热管送入地球卫星轨道并运行成功，取得了热管运行性能的遥测数据，证明了热管在零重力条件下成功运行。热管作为卫星仪器温度控制手段用于测地卫星 GEOS-B，热管壳用铝合金，工作介质为氟利昂，目的是减少卫星中不同答应器之间的温差。实践证明，热管在空间中应用效果极佳，如发射的一颗局步轨道卫星上安装了 8 支环形热管，将向阳面的热量传至背阴面，整个卫星表面温度约在 13~27℃，温度差约为 14℃，而无热管时，表面温度约在 -44~74℃，温差高达 118℃。

各国的科研机构更加致力于热管的应用研究方面。日本出现了带翅片热管束的空气加热器，在能源日趋紧张的情况下，可用来回收工业排气中的热能。同时，可变导热管来实现恒温控制。这些发明都是热管技术的重大突破。

除了空间应用外，热管随后被用于电子工业领域，用以冷却电子器件，例如电子管、半导体元件和集成电路板等。用于大功率半导体元件冷却的热管散热器，并在电力机车上运行了四年，它的重量为传统的散热器重量的1/5。此外，用热管作为等温部件以提供等温环境，对于半导体的生产工艺以及高精度的测量技术也有巨大的帮助。

由于热管技术的迅速发展，它的使用范围扩大到电机和机械部件的冷却：如电动机转子的冷却，变压器、高速轴承和铸模等的冷却。20世纪70年代中期，产生了将热管应用于医用手术刀及半导体工艺的等温炉的研究。近年来热管被用于输送地热以加热地面，防止结冻，或者在冻土带将地面热量传输到空气中，以保持地基的稳定性。

在热管发展史上值得一提的是，在横穿阿拉斯加输油管线的工程中，为防止夏季冻土融化使地面下沉以及冬季再次冰冻使地面拱起造成输油管道支架及输油管破裂，要求保持永久冻土层的稳定，为此采用了约10万支9.4~20.1m的液氨-碳钢重力热管。每根支架支柱内壁两侧插入两根重力热管，冬季把地下热量排入大气，使支柱下面土壤冻结范围扩大而又结实，保证支柱基础稳定。夏季因重力热管的二极管性能，热管上部冷凝段外热源（大气）的温度接近或超过下部蒸发段外热源（土壤）的温度时，热管自动停止工作，不会使大气热量传入冻土层内，从而保持冻土层的稳定。实验表明，安装热管后，支柱壁面和6m深处的温度很快下降。1月初达到-24℃，4月中回升到-7℃，夏季也在0℃以下，10月初热管又开始工作，如此循环，冻土将保持稳定，满足了工程需要。

我国的青藏铁路沿线多年冻土全段长550km，其中融区约90km。实际通过多年冻土地段460km。其中年平均地温高于-1℃，地段约310km。这种多年冻土属不稳定多年冻土，热稳定差。一旦受到外界热干扰，其温度状况很难恢复，有的地段甚至永远不能恢复。用热管来冷冻这些地段的地基，可以确保地基基础稳定。

20世纪70年代初，由于能源（石油）危机的刺激，热管技术在余热回收等节能工程方面获得迅速发展，推出热管换热器的系列产品。目前热管换热器广泛用于锅炉、加热炉和工业窑炉等，并且已经部分商品化由于利用重力可以克服毛细力的不足，因此重力辅助热管的研究与应用近年来受到很大重视。

热管在节约能源和新能源开发方面的研究得到了充分的重视，热管换热器以及热管锅炉相继问世。微型热管的理论及展望，为微型热管的研究与应用奠定了理论基础。随着科学技术水平的不断提高，热管研究和应用的领域也不断拓宽。新能源的开发，电子装置芯片的冷却、笔记本式计算机 CPU 冷却，以及大功率晶体管、可控硅元件、电路控制板等冷却，化工、动力、冶金、玻璃、轻工、陶瓷等领域的高效传热传质设备的开发，都将促进热管技术的进一步发展。

1972 年，我国第一根钠热管成功投入运行。至今热管研究和应用都已取得丰硕的成果。例如，在飞行器温度控制、高精度等温炉、机载雷达、行波管以及电子设备的散热和温控等方面都有成功的应用。我国在 20 世纪 70 年代中后期发射的回收卫星的仪器舱内装有 21 根直径 6.5mm 的氨-铝轴向槽道热管，将仪器产生的热量供给电池，既降低了仪器的升温，又保持了电池的温度。

热管换热器作为余热回收的有效手段在我国已大量使用，我国对广泛使用的简单重力热管（两相闭式热虹吸管）的理论和实践都进行了探索并取得一定成效，包括分离型重力热管充液率临界值的探讨等。热管技术在空调系统热回收中的应用近年来备受关注。空调系统耗能特点之一是系统同时存在供热（冷）和排热（冷）的处理过程，若能将需排掉的热（冷）量转移向需热（冷）的地方，即热能回收，而使用热管换热器在使得空调的送风温湿度适宜，达到人们舒适性要求的同时亦减少了空调系统的能耗。热管空调系统流程如图 6-2 所示。

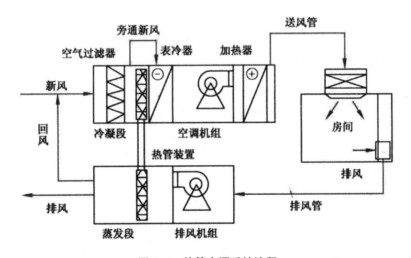

图 6-2 热管空调系统流程

三、热管回收技术节能经济效益分析

热管样机结构设计参数如下：

①热管，紫铜管外径 $d_0 = 9.8mm$，内径 $d_i = 8.8mm$。

②翅片，铝片，正弦波形，片厚 $\delta = 0.2mm$。

正三角形排列，管间距 $S_1 = 25.0\text{mm}$，翅片间距 $E = 2.8\text{mm}$；肋通系数 $r = 13.07\text{mm}$，肋通系数 $a = 14.45\text{mm}$。

热管余热回收能量的多少取决于换热器的显热交换效率，即温度效率 E

$$E = \frac{\text{换热器的实际传热量}}{\text{理论上最大可能传热量}} \qquad (式 6-1)$$

$$E = \frac{t_{1'} - t_{1''}}{t_{1'} - t_{2'}} \qquad (式 6-2)$$

式中，$t_{1'} - t_{1''}$ 为蒸发段进出口平均温差；$t_{1'} - t_{2'}$ 为冷热气流平均温差。

温度效率 E 值与热管换热器冷、热两端管外的气体流型、两气流的水、当量比 R 和传热单元数 NTU 有关，理论上可按下式计算

$$R = \frac{(G_1 CP_1)_{\min}}{(G_2 CP_2)_{\max}} \qquad (式 6-3)$$

$$\text{NTU} = \frac{KA_1}{(G_1 CP_1)_{\min}} \qquad (式 6-4)$$

式中 $(G_1 CP_1)_{\min}$，$(G_2 CP_2)_{\max}$ 为两气流的水当量；K 为以加热段或冷却段管外表面积为基准的传热系数；A 为加热段或冷却段总换热面积。

$$E = \frac{1 - \exp[-\text{NTU}(1-R)]}{1 - R \cdot \exp[-\text{NTU}(1-R)]} \qquad (式 6-5)$$

热管换热器的空气温度变化不是连续的，而是呈阶梯形变化，根据不同的进排风条件，可以获得热管的温度效率，结果见表 6-1。

表 6-1　热管的温度效率

排数	迎面风速 $v_y/(\text{m} \cdot \text{s}^{-1})$	冷热气流平均温差 $\Delta T'/^{\circ}\text{C}$	蒸发前后气流温差 $\Delta T'/^{\circ}\text{C}$	温度效率 $E/\%$
2 排	1.0	5.25	1.82	34.6
	1.5	5.4	1.75	32.4
	2.0	4.85	1.5	30.9
	2.5	4.85	1.25	28.1
4 排	2.5	4.5	2.0	44.0

该能量回收装置用于空调排风能量回收在实际工程中是可行的。如果空调系统新风量按送风量的30%考虑，可使空调系统节能7%以上；随着冷热气流温差的增大和新风比的增大，节能效果将更显著。试验表明冷热气流温差只要超过3℃即可回收能量。据此，我

国上海、南京等长江中下游地区夏季空调冷回收的时间可达 150h 以上。经按气象参数计算，三年内可收回设备初投资费用。

第二节　热电技术

一、热电技术原理

当直流电通过两种不同导电材料构成的回路时，节点上将产生吸热或放热现象。帕耳帖效应是塞贝克效应的逆过程。当直流电通入由两种不同材料构成的回路时，回路的一端吸收热量，另一端则放出热量。吸热量称为帕耳帖热，它正比于电流 I

$$Q_p = \pi_{ab} I \qquad\qquad (式 6-6)$$

式中，π_{ab} 表示比例常数，称为帕耳帖常数。

帕耳帖常数取决于一对材料，对 π_{ab} 也有一个规定符号的问题，这必须与 ab 一致。通常，若材料 a 对材料 b 为正，当热电偶在冷接点断开时，ab 为正。同样，当材料 a 对材料 b 在温差电势上为正时，π_{ab} 切为正。这样，若 a 至 b 的电流为正，则在接点上产生 Q_P。

这种效应是与半导体制冷有关的主要效应。帕耳帖效应的大小，取决于构成回路的节点温度和材料的性质，其数值可由塞贝克系数 ab 和节点处的绝对温度得出

$$\pi_{nb} = ab \cdot I \qquad\qquad (式 6-7)$$

对于半导体热电偶，帕耳帖效应特别显著。当电流方向从空穴半导体流向电子半导体（P→N）时，接头处温度升高并放出热量；反之，接头处温度降低并从外界吸收热量。由于半导体内有两种导电机构，它的帕耳帖效应不能只用接触电位差来解释，否则将得出与上述事实截然相反的结论。

当电流方向是 P→N 时，P 型半导体中的空穴和 N 型半导体中的自由电子向接头处运动。在接头处，N 型半导体导带内的自由电子将通过接触面进入 P 型半导体的导带。这时，自由电子的运动方向是与接触电位差一致的，这相当于金属热电偶冷端的情况，当自由电子通过接头时将吸收热量。但是，进入 P 型半导体导带的自由电子立刻与满带中空穴复合，它们的能量转变为热量从接头处放出。由于这部分能量大大超过了它们为了克服接触电位差所吸收的能量，抵消一部分之后还是呈现放热。同样，P 型半导体满带中的空穴将通过接触面进入 N 型半导体的满带，也同样要克服接触电位差而吸热。由于进入 N 型

半导体满带的空穴立刻与导带中的自由电子复合，它们的能量变为热量从接头处放出，这部分热量也大大超过克服接触电位差所吸收的热量，一部分抵消后还是放热。其结果是接头处温度升高而成为热端，并向外界放热。

当电流方向是 N→P 时，P 型半导体中的空穴和 N 型半导体中的自由电子做离开接头的背向运动。在接头处，P 型半导体满带内的电子跃入导带成为自由电子，在满带中留下一个空穴，即产生电子-空穴对。而新生的自由电子立刻通过接触面进入 N 型半导体的导带，这时自由电子的运动方向是与接触电位差相反的，这相当于金属热电偶热端的情况，电子通过接头时放出能量。同样，N 型半导体也产生电子-空穴对，新生的空穴也立刻通过接触面进入 P 型半导体的满带，产生电子-空穴对时所吸收的热量也大大超过了它们通过接头时所放出的能量。总的结果使接头处的温度下降而成为冷端，并从外界吸热，产生制冷效果。

由于半导体材料具有优异的热电性能，使帕耳帖效应非常显著，因此产生了实际应用的价值。以元件的热电制冷器不断得到推广应用，出现了种类繁多、性能各异和大小不一的半导体制冷器件，满足了各方面的特殊需要，在制冷领域中可谓独树一帜。

当把若干对半导体热电偶在电路上串联起来，在传热方面是并联的，这就构成了一个常见的制冷电热堆。采用若干组制冷热电堆并联，借助流体在多通道内流动进行热交换，使热电堆的热端不断散热，冷端则不断吸收制冷区内的热量，从而使制冷区内温度降低，或者使制热区温度升高，这就是热电制冷/制热的工作原理。

二、热电技术发展历史及现状

热电制冷/制热技术同一般机械制冷相比，不需要机械制冷那样的马达、泵、压缩机等机械运动部件，因而不存在磨损和噪声，也不需要像氨、氟利昂之类的制冷工质及其传输管路。除此之外，它还具有结构紧凑、体积小、寿命长、制冷迅速、冷热转换快、操作简单、无环境污染等优点。它不破坏臭氧层，开辟了制冷技术的一个独特新分支。但由于 20 世纪初只能使用热电性能差的金属和合金材料，能量转换的效率很低，例如，当时曾用金属材料中热电性能最好的热电偶做成热电发生器，其效率还不到 1%。因此，热电效应在制冷技术上没有实际应用。

第二次世界大战后，热电性能较好的半导体材料的研究、发现和应用，推进了热电制冷技术的理论和实验研究。20 世纪 50 年代以后，半导体材料的性能已有很大的提高，作为特征参数的优值系数 Z 从 0.2×10^{-3} K^{-1} 提高到 3×10^{-3} K^{-1}，从而使热电发电和半导体制冷进入工程实践领域。为使该方面的技术得到广泛应用，世界各国均投入了不少力量进行材料、工艺以及制冷技术等方面的理论和应用研究。同时，对海军提出的核潜艇空调和制冷系统热电化进行了不同类型和系统的样机研制，大大推进了热电制冷技术在这方面的发展。紧接着进行了船用热电空调器和半导体冰箱的研制工作。还发展了各种便携式的热电制冷器、小冰箱和经济食品箱等。我国在 20 世纪 60 年代初，也开始了热电制冷技术的研究设计，并制造出多种热电制冷装置，主要用于石油化工、航天航空、军事工业及电子技术等领域。热电制冷具有诸多特点，应用开发几乎涉及所有制冷领域，尤其在制冷量不大又要求装置小型化的场合更有其优越性。它在国防、科研、工农业、气象、医疗卫生等领域得到了广泛应用，用于仪器仪表、电子元件、药品、疫苗等的冷却、加热和恒温环境。如石油凝固点测定器、无线电元件恒温器、微机制冷器、红外探测器制冷器、显影液恒温槽、便携式冰箱、旅游汽车冷热两用箱、半导体空调器、军用和医用制冷帽、白内障摘除器、病理切片冷冻台、药品低温保温箱、潜艇空调器。半导体制冷式的空调器及民用市场的开发是发展方向。半导体制冷器未来将向大功率与微小型方向发展。目前，热电材料的优值系数 Z 较低，从理论上看尚有巨大的发展潜力，进一步研究和开发新材料，不断提高其优值系数将是今后的主要目标和任务。采用计算机辅助设计的生产技术、严格控制生产加工过程、完善热电制冷元件性能是非常必要的。可以预见，不断拓展半导体制冷的应用领域将是其技术发展的牵引力。

热电制冷在世界日益发展的高科技领域中正越来越显示出它的重要地位，这不仅归因于氟利昂制冷剂的逐步淘汰，更因为以上所述的特殊优越性。有理由相信，半导体制冷技术在未来将得到更广泛的应用。我国发展半导体制冷技术应避免盲目开展重复性研制工作和试验，应集中力量攻克一些重要的难关，高效利用资源和资金，缩短与国外先进水平的差距。

（一）热电材料的进展

虽然半导体制冷具有机械制冷所没有的无振动、无制冷剂、工作简单可靠和寿命长等优点，但同机械制冷相比，仍存在制冷效率低、制冷温差较小等缺陷。其原因主要在于较低的材料的优值系数，因此，自半导体材料的帕耳帖效应发现以来，大部分研究工作都集中在寻找更好的半导体材料上。

1. 热电制冷用的半导体材料必须具有以下特性

①具有高优值系数 Z，它使热电制冷器获得较大的制冷系数。

②具有合适的机械性能，如屈服极限和耐热冲击性。

③具有一定的可焊性，以实现元件间的电连接，并能与热交换器焊成一体。

④制造成本不能过高，成本不仅取决于各种配料的性质和纯度，也取决于生产方法和批量。

自从提出固溶体理论后，热电制冷技术得到了突飞猛进的发展，至 20 世纪 60 年代中期，热电制冷材料的优值系数 Z 达到了相当高的水平。20 世纪 60 年代后期，各国都致力于热电制冷新型材料的开发，希望进一步提高优值系数，以便使热电制冷的效果更好。适合半导体制冷用的材料有很多种类。

2. 几种热电性能较好的热电制冷材料

①二元 $Bi_2Te_3 - Sb_2Te_3$ 和 $Bi_2Te_3 - Sb_2Se_3$ 固溶体。

②三元 $Bi_2Te_3 - Sb_2Te_3 - Sb_2Se_3$ 固溶体，目前研究最多的 P 型和 N 型 $Bi_2Te_3 - Sb_2Te_3 - Sb_2Se_3$ 准三元合金的特性，这种半导体材料是将固溶体 Sb_2Se_3，加入到 $Bi_2Te_3 - Sb_2Te_3$ 中而得到的。

③P 型 $Ag_{(1-x)} Cu_{(x)} TiTe$ 材料。

④N 型 Bi - Sb 合金材料。

⑤ YBaCuO 超导材料。

到目前为止，室温下优值系数 Z 最高的材料是 P 型 $Ag_{0.58} Cu_{0.29} Ti_{0.91}Te$ 四元合金，其在 300K 时 Z 值可以达到 $5.7\times 10^{-3} K^{-1}$，但是制备起来非常困难；200~300K 普冷范围内热电性能优良，应用最多的材料是三元 $Bi_2Te_3 - Sb_2Te_3 - Sb_2Se_3$ 固溶合金，其在 200~300K 范围内平均优值系数可维持在 $3.0\times 10^{-3} K^{-1}$ 左右，是目前各国半导体制冷设备生产的首选材料，但是温度降到 200K 以下时，热电性能将迅速下降；20~200K 深、低冷范围内最好的材料是 N 型 Bi-Sb 合金，其 Z 值可普遍保持大于 $3.0\times 10^{-3}K^{-1}$，其中 $Bi_{85} Sb_{15}$ 在 80K 时的 Z 值可以达到 $6.5\times 10^{-3} K^{-1}$，是已知材料中最高的（零磁场下），但当温度超过 200K 时，优值系数会大大低于同温度下的固溶体材料。高临界转变温度（Tc）的高温超导（HTc）材料的使用，使得制成 150K 温度以下的半导体制冷器成为可能。

提高优值系数的方法应包括材料最优化的物理原理和制造工艺两个方面。从物理方面来看，提高 Z 值的方法可以有选择最佳载流子浓度、增加材料的禁带宽度、提高载流子的迁移率与晶格热导率的比值、改变材料的散射结构等，这些方法都是可以通过合适的掺杂来实现的；从制造工艺方面来看，可以采取降低材料的生长速率，并合理选择退火温度和退火时间来提高 Z 值。

目前，利用声子散射机制进一步降低低晶格热导率是人们感兴趣的研究领域。除了合金散射、晶界散射外，近来又有人提出了声子的散射机构，包括了微杂集团和非离化（中性）杂质散射。同时人们对于塞贝克系数和功率因子 $\alpha 2\sigma$ 的兴趣也在进一步增加。随着半导体材料制备技术的不断创新，利用诸如分子束外延、金属有机物气体外延等手段，不仅可以灵活地设计和制作各种新型结构的材料，而且促进了对非均匀材料和异质结构的物理特性认识。这些进展也促使温差电材料的研究由传统的均匀块晶材料向非均匀异质结构延伸。初步的理论研究表明：采用诸如超晶格量子阱或者晶界势垒等，都有可能使材料的功率因子得到提高。此外，利用最近发现的共振散射、跳跃输运和重费米半导体等，都有可能提高材料的功率因子，从而使温差电优值系数得到提高。

（二）热电制冷器的进展

热电制冷器通常是由几十个、几百个甚至更多的温差电对通过串联、并联或者混合的形式组成的，温差电对的热电性能直接决定了制冷器的性能。材料是影响温差电对性能的最主要的因素。但通过改进电臂的结构，设计特殊的电臂连接方式，同样可以改进电对的性能，例如，两电臂按最佳截面积比制作时优值系数最高。我们知道，目前半导体制冷器广泛采用等截面直电臂温差电对，由于电臂冷端和热端的电、热通路完全对称，焦耳热将有一半流向电臂的冷端，成为冷端的一个主要热耗。因此，如何改变电臂的热通路，尽量减少流向冷端的热量，就成为结构研究的重点。同轴环臂温差电对是设法阻隔冷端的热通路，而"无限级联"温差电对则是在热通路上尽量"捕获"流向冷端的热耗。

同轴环臂温差电对中的 P 型和 n 型电臂均为环状。内外环都与铜管连接，铜管既是换热面又是电极。电臂中电流沿径向流动，改变电流方向，即可使内铜管或者外铜管成为电臂冷端。实验表明：当内铜管为吸热端时，最大制冷温差将是内铜管为放热端时的最大制冷温差的 3 倍。根据实验显示，只要电臂的内外径之差不是非常小，都可以达到内铜管为吸热端时的情况，这是因为环状电臂的电、热通路不再对称，冷端的热阻要大于热端，更多的焦耳热将流向电臂的热端。

"无限级联"温差电对的 P 型和 N 型电臂之间用 0.25mm 厚的硬纸绝缘，电臂外面化学积淀一层厚银膜实现短接，但银膜不能与电极接触。实验表明：这种电对的最大制冷温差与无银膜相比时，可提高 1.5~3 倍。

超导材料在其转变温度 Tc 下具有电导率无穷大的特点，虽然此时温差电动率几乎为零。但如能利用高温超导材料替代 p 型半导体材料作为横动式 P 型臂，即由 N 型半导体材料混合 HTSC 组成的温差电对的优值系数，就等于 N 型材料的优值系数，这将弥补目前低温下 P 型材料欠缺的不足。随着超导材料的 Tc 进一步提高，N-HTSC 低温半导体制冷器的道路必将越走越宽。

目前还有不少热电制冷器采用锥状电臂结构的研究。研究结果表明：锥状电臂热电制冷器的理论冷量计算公式与普通电臂一样，电臂中的焦耳热仍均匀分配到冷热两端；与普通电臂相比，采用锥状电臂后最佳工作电流减小，但最大制冷温差相同；当制冷器工作在最佳电流状态时，两者的制冷效率相同，锥状电臂的制冷量和直流功耗相对较低，降温时间缩短。

由于微电子工业的迅猛发展，促使电子器件的体积越来越小，其芯片的尺寸通常仅为几平方毫米，因此要求热电制冷器向微型化方向发展。目前国内外已经有不少这方面的研究，提出对半导体集成化的设想。探讨了实现热电制冷器微型化的可能性；实验证实热电制冷器的微型化引起制冷器内部一系列新物理现象，这些非线性如何影响和改变制冷器的优值 Z 和 COP。

（三）热电制冷应用技术的进展

虽然材料的欠缺暂时阻碍了半导体制冷技术的发展，但半导体制冷器所具有的微型化、轻量化、无振动、长寿命等重要优点，使半导体制冷器已经而且仍将继续占领诸多特殊应用市场。只要在半导体材料上有所突破，结构简单且使用方便的半导体制冷器必将更受人们青睐。热电设备在过去几十年内广泛应用于很多领域，比如军事、航空、仪器和工业或商业产品。根据工作方式，这些应用可分为三类：制冷器（或加热器）、动力发电机和热能传感器。

1. 热电设备在制冷器上的应用

制冷系统设计标准包含下列因素：可靠性高、尺寸小、重量轻、在危险环境下安全性强、控制精度高。热电制冷器在低于 25W 场合使用时更适合，因为它们的制冷系数（COP）比较低。

热电制冷主要应用于电子设备制冷、冰箱和空调及一些特殊场合。电子设备制冷上的应用目的是：一是冷却发热设备来保证设备正常运行；二是减少电子元件的热污染和电子设备的漏电，这可以改善电子仪器的精确度。如冷却测量航空 X 射线的 CdZnTe 探测器、红外探测器的二极管温度等。

热电制冷器早已广泛应用在各个领域。热电产品的费用在逐步降低，热电制冷器的消费市场已经打开，产品的数量和多样性也在不断增加。

2. 热电设备在发电方面的应用

热电发电机是一个很独特的热发动机，它以电荷载体为工作流体，没有转动部件，无噪声，可靠性高，然而效率相对较低（大约为5%），因而只能应用在医疗、军事和航空等费用并非主要考虑的场合，比如深层空间探测的放射性同位素的动力装置和输油管道及湖泊的浮标。在最近几年，随着全球变暖和环境法引起的广泛关注，人们开始研究能够产生电能的经济适用的替代品，热电产品的出现是极有竞争力的。同时，热电作为一种绿色且适应性强的电能，能够满足很大范围的能源需求。热电发电机分为小功率和大功率两种。

（1）小功率

小功率发电主要适用于规模小、独立的无线系统和一些敏感性低的控制、安全监测和测量系统。这些场合一般都使用电池，电池的寿命短，而且含有对环境有害的化学物质。所以小型、不太昂贵的热电发电机能够取代电池发挥越来越重要的作用。例如已经开始研究的为冰箱和发电机开发的以薄膜技术为基础的热电芯片。通过薄膜热电发电机可以得到毫瓦或微瓦功率的水平，这种薄膜热电发电机是经济适用的。

（2）大功率

大功率发电主要是利用废热和太阳能发电。热电发电机的效率就比较低，对于高功率发电，低效率严重限制它在一些特殊领域的应用。但发电机由于相对较低的转换效率，仍然有很大一部分没有回收的热从冷端散失。为了克服这个缺点，提出了共生发电的概念，这个概念把热电发电机作为一个具有双重功能的设备（热交换器/发电机）。太阳能热电发电的应用就是把太阳能热收集器和热电发电机结合起来产生电能。

3. 热电设备在热能传感器中的应用

目前已经开发了以帕耳帖效应或塞贝克效应为原理的许多新型热能传感器。这些新颖的传感器与常规的相比性能已经有很大提高。低温热流传感器、超声波亮度传感器、冷凝水探测器、流体流动传感器、红外传感器、薄膜热电传感器都是热电热能传感器的代表。

三、热电技术用于废水余热回收的节能效益分析

以宾馆为例，生活热水消耗主要集中在三方面：客房内的洗浴、厨房内洗涤与有关食品加工等用水、洗衣房内洗衣。

由于生活热水用量基本上不受室外气温的影响，如果客房出租率能稳定保持在75%，

则可认为生活热水用量、需"热"量一年四季均保持在上述水平。热电热泵的以下特点增强了该装置的适用性，拓展了其在建筑节能和废热回收方面的应用。

（一） 低温差下的高效率

由以上分析可知：建筑废热与建筑需热之间的温差往往在20℃以内，而空气置换废热（冷）与需热（冷）之间的温差则往往在10℃左右。由前述有关热电热泵系统的性能分析可知：热电热泵装置在这种低介质温差下工作，效率较高，其制热系数可达2.0以上，因此，如能用热电热泵装置回收废热供热比直接以消耗电能方式供热，节能50%以上。

（二） 联合热泵效应

当采用热电热泵装置回收循环冷却水废热时，则起着联合热泵的作用。一方面，使循环冷却水降温。由于热电热泵装置可控性强，不像冷却塔那样效率受外界气温、湿度等气候因素的影响，因此使用热电热泵装置降温冷却水，可使冷却水进水温度较低且波动微小，从而提高了制冷机的效率和稳定性。另一方面，回收废热用于加热生活热水，消除了废热污染，而且可省去或部分省去锅炉加热，达到节能、环保的双重目的。作为联合热泵工作时，其性能系数应当是制冷系数与制热系数之和。

（三） 可控制性强

热电热泵装置控制简便易行，通过改变输入电流或介质流量，均可方便地实现对热电热泵装置的性能调节，而且控制精度高；改变输入电流的方向，热泵冷、热端方向随之互换，在建筑废热回收中，就可随着季节的变换方便地将废"热"回收转变为废"冷"回收。

（四） 布置灵活

热电热泵装置容量不受限制，体积小巧，可以适应建筑废热排放的集中与分散的特点，格外适用于旅馆、商业等使用率波动性较大的公共建筑。

（五） 维护管理方便

热电热泵装置结构简单，运行维护管理方便。可以将大容量的热电热泵装置设计成由若干小容量的热电热泵单元结构组成组合式装置，各个单元结构独立工作，其中一个单元出现故障，并不影响整个装置的工作。热电热泵装置无机械转动部件，运行稳定可靠，使用寿命长，维护工作量小。

（六）系统简单

对旅馆、商业等公共建筑使用热电热泵装置可以基本避免管路输送系统和能源输送损耗，便于分区控制和计量。

（七）环保

热电热泵装置内无工质冲注，不会产生二次污染。总之，常规电热水器无论怎样完善，也只能是"热水壶的高档化"，因此，依据能量守恒定律，无论怎样改善性能，其热效率都将小于100%。水用于洗浴的过程中，很大一部分热能随外排废水浪费掉了，在冬季尤其可观，如能回收这部分热能，节能效益是十分可观的。利用热电热泵原理研制的热电热泵热水器，加热自来水的热端热能是废热回收量与消耗电功率之和，据热力学定律，其热效率，即热产出率将大于100%。为了得出洗浴废水余热回收潜力的大小，对典型浴室和典型气候条件下洗浴废水的温度变化情况进行了详细测试，部分数据整理如图6-3所示。

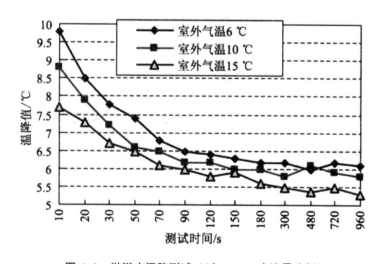

图6-3　淋浴水温降测试（以 6L/min 水流量为例）

从测试结果看，淋浴水出水温度稳定在42℃，而排出废水温度仍为36℃左右。以6L/min流量的热水器为例，42℃标准热水出水热功率在 10 000~16 000W，而随废水外排废热则达 8 000~12 000W，热回收节能潜力巨大。因此，可以采用热电热泵热水器冷端吸收排出废水的热量并传至热端放出，用于预热冷水。

制热系数计算式为

$$\eta = \frac{Q}{P} = \frac{Q_t + P}{P} = \frac{4\ 180G(T_0 - T_i)}{3\ 600UI} \qquad (式 6 - 8)$$

式中，$T_0 - T_i$ 为自来水温升，G 为水流量。

结果如图 6-4 所示，300L/h 流量的热水器在输出 45℃以内的卫生热水时，当自来水温度上升值为 25℃时，制热系数可以达到 150%，因而相对于普通电热水器可以节省电耗 50%左右；而且外排废水温度大大降低，消除了废水对环境的热污染。

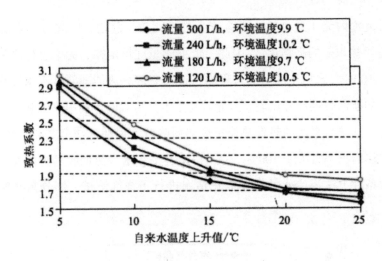

图 6-4　温差与制热系数的关系

四、热电技术在绿色建筑中的应用案例

以我国香港特别行政区的假日酒店热电技术——床头热电空调为例进行讲解。

（一）运行原理

1. 智能个人空调。

2. 关灯后 1h 开启制冷系统。

3. 运用帕耳帖热电制冷技术使得床头周围温度降低 2~30℃，而室温维持 25℃。

（二）优势

1. 降低空调用电量。

2. 强化床面制冷效果。

3. 比室温降低 30℃。

4. 在睡眠时间降低空调用电量。

第三节 复合冷凝热回收技术

一、复合冷凝热回收技术原理

现实生活中，空调系统与生活热水制备的能源利用情况存在很多不合理的现象。一方面，空调机组在制冷工况运行时会排放出大量的冷凝热，这些冷凝热不仅造成环境的热污染，而且对空调系统本身来说，冷凝热的大量排放还会导致冷凝器周围环境温度升高，不利于持续放热，并且增加机组运行能耗。另一方面，建筑内部卫生热水系统的热水供应主要依靠煤、气、电等锅炉加热，在消耗高品位能源的同时对环境造成巨大污染。传统的两种能源利用模式是相互独立的，能量流相互平行，两者之间缺乏能量互补和耦合，是不尽合理的模式。因此，如果能利用冷凝热回收技术将排放的冷凝热回收起来以加热生活热水，不仅能够减少空调系统带来的热污染问题，带来良好的社会效益，同时也能够减少能源的消耗，节能效果和经济效益显著。

（一）可行性分析

在对废热进行回收利用时，其废热源要具备三个必要内部条件：

第一，废热的排放量要相对比较大。

第二，废热的排放是相对集中的。

第三，在相当长的某一段时间内废热的排放量要相对稳定。

当具备这三个基本的要素后，废热才有回收价值。回收利用废热时，外部条件也是有要求的：在离废热较近的范围内要能够找到利用这种低品位能的场所并且其所需的热能品位以及使用时间要与废热的品位和产生时间相近。

在夏季空调工况下，释放的冷凝热量约为制冷量的 1.3 倍。很明显，在大中型集中空调系统中，其冷凝热的排放量是很大的。而对于家用空调器来说，尽管冷凝热排放量不是很大，但是足以满足一家生活热水的需要。空调冷凝热的排放都是通过冷凝器较为集中地排放，在空调运行期间，冷凝热在排放的相当长时间内较为稳定。故空调系统冷凝热基本满足以上三个内部条件，具有一定的回收价值。同时，家用生活热水的品位和冷凝热的品位大致相同，日常人们用水温度的要求不是很高，一般在40℃左右，而空调冷凝温度可以达到40℃以上，因此两者具有较好的匹配；虽然在冷凝热的排放时间与用户使用的时间上可能存在不一致的情况，但是完全可利用蓄热水箱或蓄热水池等来解决这一矛盾。所以利用空调冷凝热来加热生活热水是完全可行的。

（二）冷凝器热回收基础

空调制冷机组主要包括压缩机、冷凝器、节流阀和蒸发为四大部件，其工作原理是使制冷剂在压缩机、冷凝器、节流阀和蒸发器等热力设备中进行压缩、放热冷凝、节流和吸热蒸发四个主要热力过程，从而完成制冷循环，实现制冷效果，其流程图见图6-5。循环工作的制冷剂在节流阀的节流作用下降压降温，低压低温的液态制冷剂在蒸发器中吸热而气化，达到室内降温的目的，气化制冷剂再进入压缩机内经压缩机做功压缩，使制冷剂温度与压力升高，最后流入冷凝器内放热冷凝。制冷剂在冷凝过程中由气态变成液态放出冷凝热。全部的冷凝热量包括显热、潜热和过冷热三部分。压焓图如图6-6所示，AB过程属于过热蒸汽区（两点间的温差称为过热度），释放制冷剂中包含的过热蒸汽热量（常称为显热），直至到达冷凝温度，变为饱和蒸汽；BN过程属于湿蒸汽区，在保持冷凝温度不变的情况下，制冷剂放出冷凝热量（常称为潜热），使饱和蒸汽变为饱和液体；NC过程处于液态区的再冷却过程，温度降低放出过冷热，使饱和液体变为过冷液体，其中NC两点间的温差称为过冷度，但是过冷热因量少而常常被忽略，或被认为是潜热的一部分。

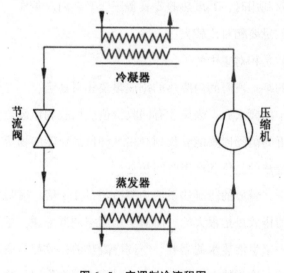

图6-5　空调制冷流程图

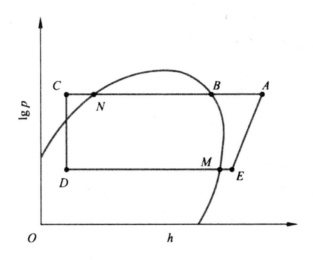

图 6-6 制冷循环压焓图

(三) 冷凝热回收模式

冷凝热利用方式主要可分为直接式和间接式。直接式是指制冷剂从压缩机出来后进入热回收器直接与自来水换热来制备生活热水。间接式是指利用常规空调的冷凝器侧排出的高温空气或 37℃ 的冷却水作为热源来加热制备生活用水。间接式由于要增加的设备比较多，换热效率比较低，所以该技术应用不是很广泛。

直接式又可分为两类。

一种是显热回收，另一种是全热回收。

显热回收热回收比例不算大，因此热回收率不太高。考虑到换热效率以及排气中的显热比例，回收的热量仅为 15% 左右；在风冷机组冷凝器中制冷剂的冷凝温度与过热度均高于水冷机组，因此，热水回收温度要高于水冷机组，回收水温度比较高，最高回收水温可达 60℃ 左右；由于热回收器吸收了制冷气体中的部分热量，接下来的冷凝器所承担的热耗散量相对减少。这样，制冷气体在冷凝器中的过冷度会相对提高，从而有利于机组性能 COP 的提高。所以，显热回收对机组的性能有促进作用，能够提高机组效率。鉴于以上特点，显热回收适用于空调为主、热水需求量小的场所。

二是全热回收。热回收比例大，热回收率比较高，但热回收器换热面积要求做得很大。在一些大的热回收器中，热量的回收比例可达排气热量的 80%；考虑到热回收水的温度对热回收率以及机组性能的影响，热回收水的温度会比较低，可控制在 35~45℃ 之间；热回收会对机组的性能产生一定的负面影响，影响的幅度则取决于热回收水温度和热回收率。因此全热回收适用于空调为主、热水需求量大的场所。

二、复合冷凝技术发展历史及现状

（一）双冷凝技术

如图 6-7 所示，双冷凝器热回收技术是在压缩机和冷凝器之间加一个热回收器（冷凝器）回收冷凝热，从热交换器流出的汽液状或气态的制冷剂，由后面的冷凝器吸收其余热量。该技术可以根据要求直接回收制冷机组的制冷剂蒸汽显热或显热加部分潜热，来一次性或循环加热生活热水到指定温度。该系统主要应用于中央空调冷水机组。

随着家用空调的广泛使用，家用空调冷凝热回收技术开始出现。图 6-8 中展示了家用空调双冷凝热回收的原理，该技术是将空调器中压缩机排出的高温高压的制冷剂蒸汽注入热水换热设备中进行热交换，加热生活热水。若换热器的换热能力能够独立承担所有的冷凝热量，则无须使用风冷冷凝器，反之，就要同时使用风冷和水冷冷凝器来承担所有的冷凝负荷。

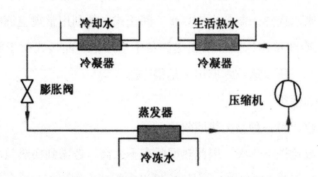

图 6-7　双冷凝器热回收制冷原理

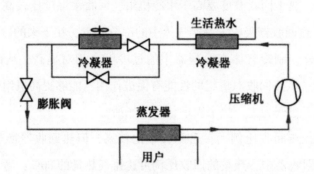

图 6-8　家用空调双冷凝器热回收制冷原理图

然而，双冷凝器热回收技术在应用中还存在一系列的问题。首先，热回收器须选用专用的高性能换热器。由于氟利昂具有强渗透性，而且安装位置在冷凝器前，内部氟利昂处于高压和高温过热状态易产生渗漏，因此，对换热器的材质和制造工艺都有特殊要求，如有不慎，不但达不到节能效果，反而会损坏制冷机组。其次，换热器除了保证与所改造机头的功率相适应的换热面积外，还必须有较低的阻力，以至于不会影响制冷机原有工况，否则会降低出口压力；由于它利用的是制冷循环过程产生的热量，传热量远小于原热水系统，只能小流量连续制备热水，不可能像蒸汽加热器或热水锅炉那样短时间内提供大量热水。因此，系统要配备足够容量的热水箱。

（二）热泵回收冷凝热

空调制冷中冷却水温度一般为 30~38℃，属低品位热能，要想充分回收冷凝热可以利用热泵技术，由制冷机组与热泵机组联合运行构成一套热回收装置。把热泵的蒸发器并联到制冷机组冷却水回路上（见图6-9），作为间接式冷凝热回收方式，该种技术在原系统并联一套热泵机组，把冷凝热作为热泵热源来制备热水。当冷水机组和热泵同时工作时，可以通过控制冷却塔风机的启停来控制冷却水回水温度，也可以通过电动三通阀控制冷却塔的冷却水流量和热泵蒸发器的流量比例，使热泵的蒸发器出水温度低于32℃，以保证冷水机组的正常运行。

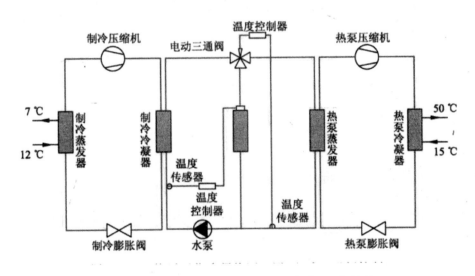

图6-9 热泵回收冷凝热原理图（电动三通阀控制）

热泵回收冷凝热技术比较适合在现有的空调系统改造中应用，但是投资较大，运行费用高。若冷却水温度通过冷却塔风机控制则比较容易实现，但若采用电动三通阀控制，由于控制复杂，应用时容易出现问题，热水温度往往达不到设计温度，影响利用效果。

（三）相变材料回收冷凝热

该技术利用蓄热器代替了双冷凝器热回收技术中的压缩机出口的冷凝器，并与常规风冷冷凝器（或冷却塔）采用串联连接，利用常规风冷冷凝器（或冷却塔）辅助热回收系统排出不能储存的剩余热量。热回收用蓄热器中相变材料的温度是随冷凝温度变化的。开始时，常规风冷冷凝器（或冷却塔回路）关闭，利用过热段的制冷剂显热和冷凝潜热对蓄热器中的相变材料进行加热，此时冷凝压力随蓄热器中相变材料温度的升高而升高。当系统冷凝压力达到限定值时，开启风冷冷凝器（或冷却塔）以释放多余的制冷剂冷凝潜热，降低系统的冷凝压力。此时蓄热器仍能利用蓄热器管内流过的气态制冷剂过热段的显热放热来加热相变材料，进一步提高相变材料的温度。当相变材料温度达到某一设定值后，系统恢复原冷凝器（冷却塔）冷凝的运行模式。

相变材料回收空调冷凝热应用中还存在一些问题。首先，该技术中使用的蓄热器虽然在国外已广泛应用，在国内也逐渐发展起来，但是对高效率、低成本的相变蓄热器的设计计算尚无统一方法，对蓄热器的设计也处于摸索阶段；其次，蓄热物质应具有热容量大、蓄热能力强、化学稳定性好、熔点低、对人体和动植物无害、价格低廉等特性，国内满足条件的蓄热材料有待进一步开发；最后，实际运行中的冷凝温度是随季节甚至每日时刻不断变化的，应充分考虑各种不利因素，选择适当的设计冷凝温度，保证制冷装置在较低冷凝温度下高效率运行。

尽管空调冷凝热回收技术的应用还面临一些问题，但随着社会经济的发展和科技的进步，相信冷凝热回收在空调领域的应用将不断成熟与完善。相关研究证明了冷凝热回收在空调节能方面有着巨大潜力，必然在现代建筑节能与环保方面将发挥越来越大的作用，对降低我国建筑能耗产生深远的影响。

三、冷凝热回收技术节能经济效益分析

空调冷凝热回收技术具有很好的社会和经济效益，为更好地证明该技术的节能效果，以酒店项目设计为案例。在介绍空调冷凝热回收技术的工作模式后，分析空调和生活热水系统的运行能耗，并与传统的空调和生活热水供应系统（燃料锅炉热水机组+冷水机组系统）进行比较，从而揭示空调冷凝热回收系统是一种技术可行、经济合理、节能环保的空调和生活热水供应系统。

（一）项目概况

酒店主要功能用房有客房、桑拿房、中西餐厅、咖啡厅、会议中心、水疗用房、KTV房和多功能房。空调计算冷负荷 8 920kW，生活热水负荷 900kW。酒店采用集中供冷系统，大小机组搭配。选用两台制冷量为 3 150kW 的水冷离心式冷水机组，能效比为5.6，一台机组制冷量为909kW 的螺杆式热泵机组，能效比为4.8。机组冷水设计供回水温度为7℃/12℃，冷却水设计供回水温度为 32℃/37℃。制冷机房设在 A 区首层，生活热水泵房及蓄热水箱设在 A 区地下室。其中，小机组采用冷凝热全热回收热泵机组，为空调提供冷水的同时输送 55℃ 的生活热水。当蓄热饱和且无生活热水负荷时，冷凝热通过冷却塔排放。

（二）系统工作原理

本工程采用了一台冷凝热全热回收热泵机组，该机组为双机头，基本参数见表6-2。

表 6-2　热泵机组参数

工况	制冷量/kw	蒸发测温度/kw	回收热量/kw	冷凝侧温度/℃	输入功率/kw	能效比
热回收	909	7/12	1 210	50/55	313	6.77
单冷	1 018	7/12	—	32/37	211	4.80

从表6-2可知，热泵机组制冷的能效比为2.90，低于常规工况冷水机组的能效比，但是，热泵机组能完全回收冷凝热，为生活热水用户提供55℃的热水，热量为1 210kW，能效比为3.87，综合能效比高达6.77，明显高于采用冷水机组供冷和燃气锅炉热水机组供热的方案。当无空调冷负荷时，热泵机组停止工作，生活热水用户由燃气热水机组辅助制热。当无生活热水负荷且空调负荷处于尖峰状态时，热泵机组以制冷工况工作，向空调用户供应7℃/12℃的冷水，此时，为了获得较高的效率，冷凝热通过冷却塔排放，冷却水温度为32℃/37℃，机组能效比为4.80。

（三）系统设计

采用空调冷凝热为热源的生活热水供应系统的设计包括生活热水耗热量计算、空调冷凝热回收机组的装机容量以及蓄热水箱容量的计算。

1. 耗热量计算

系统供应生活热水的水温为55℃，冷水温度设为15℃，经计算，设计日热水量

$225m^3$，日耗热量为 10 468kW·h。

2. 空调热回收机组的选择

空调冷凝热回收热泵机组设计容量的确定是一个核心问题。容量太大，不仅设备费用高，而且当空调实时冷负荷太小时，机组无法正常启动，系统运行时间缩短，影响冷凝热回收效率；而如果选择机组容量太小，回收的冷凝热不能满足大多数时间生活热水需求，需要经常性地借助燃料热源供热，也会影响冷凝热回收效率。影响热泵机组设计容量的另一个重要因素是空调运行时间与生活热水使用时间的不同步性，主要表现在日逐时负荷不同步性和季节负荷不同步性。

所以，机组存在一个最佳设计容量值，既可以使机组满足生活热水供应的需求，又能最大限度地利用机组的冷凝热。首先，该值应能使日空调负荷总量不小于生活热水供应总量，以满足生活热水供应的需求；其次，保证空调系统在较低的部分负荷率的情况下，机组仍能以较高的效率运行。经计算确定，机组的热水装机容量为 1 210kW，空调容量为 909kW。

3. 蓄热水箱容量计算

空调负荷与生活热水负荷具有不同步性，为了解决负荷不平衡问题，将蓄热水箱引入空调和生活热水供应系统设计中，以延长空调冷凝热的利用时间，从而达到最佳的节能效果。当热回收机组制备的热水量小于生活热水高峰用水量时，需要从蓄热水箱补充才能满足用水量的需要；当空调冷凝热回收机组制备的热水量大于消耗的生活热水量时，富余的热水进入蓄热水箱储存起来。因此，蓄热水箱容积设计合理与否，是应用空调冷凝热全热回收系统的关键所在。水箱容积与许多因素有关，如空调热回收机组的制冷量大小及运行方式、生活热水的使用方式和使用量等。经计算，水箱计算容积为 $24m^3$，考虑一定的裕量，取 $36m^3$。

4. 效益分析

空调系统全年运行 330d 以上，每年有大约 35d 的时间停开空调。所以全热回收热泵机组系统仍然要配置辅助热源。在空调系统运行的 330d 中，空调负荷能满足生活热水供应负荷要求的天数为 320d，这段时间（工况 1）可以完全由空调冷凝热来提供生活热水，无须启动辅助热源；其余的 10d 须启动辅助热源（工况 2）。

节能效益分析：下面对冷凝热全热回收热泵系统（方案 1）与传统的冷水机组加燃气锅炉系统（方案 2）进行节能性与经济性分析。假设在工况 1 时机组每天运行 8h，工况 2 时空调冷凝热回收机组每天运行 5h，作为辅助热源的燃气锅炉运行 3h。则两种方案在不同工况下的运行能耗量见表6-3和表6-4。

表6-3 方案1全热回收热泵系统运行能耗表

设备	工况1（冷凝热供热）		工况2（冷凝热供热+辅助热源）	
	运行时间/h	总能耗/（kw·h）	运行时间/h	总能耗/（kw·h）
全热回收热泵机组	2 560	801 280	50	15 650
冷水泵	2 560	53 760	50	1 050
热泵用热水泵	2 560	23 040	50	450
燃气热水锅炉机组	–	–	50	4 080m³（耗气）
锅炉用热水泵	–	–	50	270
合计	–	878 080	–	17 420+4 080m³

表6-4 方案2冷水机组+燃气热水锅炉系统运行能耗

设备	工况1（冷凝热供热）		工况2（冷凝热供热+辅助热源）	
	运行时间/h	总能耗/（kw·h）	运行时间/h	总能耗/（kw·h）
燃气热水锅炉机组	2 560	348 160m³	80	1 088m³（耗气）
热水泵	2 560	23 040	80	720
水冷机组	2 560	504 320	50	9 850
冷水泵	2 560	53 760	50	1 050
冷却水泵	2 560	61 440	50	1 200
热水机组	2 560	20 480	80	640
合计	2 560	663 040+348 160m³	–	112 820+10 880m³

通过两种方案的运行能耗对比可以发现：虽然采用冷凝热全热回收的热泵系统的方案1比普通的冷水机组加燃气热水锅炉系统的方案2多耗电119 640kW·h，但可以节省燃气量为348 660m³；将两个方案中耗电量差值与耗气量差值折合成标准煤，分别为48.33t和363.72t，所以方案1相比方案2节省315.39t标准煤，节能潜力与节能效果明显。

经济效益分析：由于全回收热泵机组的价格要高于普通冷水机组，方案1的初投资高于方案2是毋庸置疑的，比较两种方案中各设备价格，方案1的初投资为190.3万元，方案2为124.6万元。方案1比方案2多65.7万元。但方案1的运行费用要比方案2的运行费用低，按天然气价格3.10元/m³，电价0.80元/（kW·h）计算，在整个空调季内，方案1比方案2节省运行费用92.59万元，因此9个月内就可实现成本回收。

计算表明，采用空调冷凝热回收机组的生活热水供应系统同常规系统的冷水机组（不带热回收）加燃气热水锅炉系统比较，每年可以节能 315.39t 标准煤，实现 9 个月内回收成本。因此，空调冷凝热回收技术在减少废热排放、实现建筑节能方面具有良好的经济和能源效益，应用前景广阔。

第四节　转轮式全热回收技术

一、转轮式全热回收技术原理

（一）背景

新风负荷一般要占到建筑物空调总负荷的 30%或以上，在潮湿地区甚至会达到 50%~60%。若空调系统中的排风不经过处理而直接排至室外，不仅会造成其中的冷热量的浪费，而且还会引起城市热污染，加重热岛效应。当建筑物内设有集中排风系统且符合送风量大于或等于 3 000m³/h 的直流式空气调节系统且新风与排风的温度差大于或等于 8℃、设计新风量大于或等于 4 000m³/h 的空气调节系统且新风与排风的温度差大于或等于 8℃、设有独立新风和排风系统时，宜设置排风热回收装置。排风热回收装置（全热和显热）的额定热回收效率不应低于60%。而在一些发达国家，即使在新风与排风温度相差不大的情况下使用热回收系统，节能效果也比较明显。我国的炎热地区、夏热冬暖地区、夏热冬冷地区和部分寒冷地区，夏季室外空调计算温度（32~34℃）比室内设计温度（一般采用24~28℃）高 6~10℃；而在冬季，通常设计室内温度在 16~24℃，远超过国内大部分地区的冬季室外空调设计温度（除海口等南方个别城市外，通常低于 6~8℃）。因此，在我国采用排风热回收装置，不但可行而且能够取得较好的预期节能效益。

转轮热回收装置可以在空调系统的排风及送风之间实现排风中的冷（热）量回收及再利用，是一种有效的空调节能方式。转轮热回收装置利用排风中的余冷余热来预处理新风，减少所需的能量及机组负荷，从而达到降低空调运行能耗及装机容量的作用，提高空调系统的经济性。全热回收转轮的通风孔道大多为蜂窝状结构，表面附着有硅胶、溴化锂或氧化铝等吸湿材料。通过热回收转轮，冬夏季可利用室内排风对新风进行降温除湿或加热加湿，而过渡季可实现新风的自然冷却。夏季显热回收效率和全热回收效率均可达 70%以上。

蒙特公司对转轮全热回收技术的发展做出了卓越的贡献，开发了"牛皮纸-溴化锂"转轮及氧化铝转轮。氧化铝转轮在换热铝箔的表面镀上氧化层，可以用来进行少量的湿交换，这一类型在欧洲市场占统治地位直至 21 世纪。目前国内市场上使用的全热回收转轮材质大致可分为铝箔-分子筛、铝箔-硅胶、纤维-氯化锂、铝箔-氧化铝等。

转轮式热回收系统与空调系统配合，全年均可使用。在夏季，可节约空调系统的制冷量、有效降低机组容量并且减少温室气体的排放；在冬季，可降低加湿器、采暖设备的运行能耗，大大节约了总投资；在过渡季，则可提高室内的舒适性。转轮传热稳定性好，可长期运行；同时，转轮式换热器是一个整体，便于拆卸维修，可及时清除转轮内的污垢和杂物，以保证设备高的换热效率并减少污垢杂物所引起的压力损失和风机能效的降低。与其他排风热回收类型（板翅式、管式及热管式）相比较，转轮式全热回收系统的性能、优缺点和热回收效率见表6-5、表6-6。

表6-5　不同热回收系统的性能比较表

类型	降压	传热系数	维护难度	初始投资	占地空间	单位体积的传热面积
板翅式	高	中	高	高	低	中
管式	中	低	中	低	高	低
热管式	低	高	低	中	中	高
转轮式	低	高	低	高	中	高

6-6　不同热回收系统的优缺点比较

类型	优点	缺点
板翅式	换热效率高；体积小，结构紧凑	流道窄小，流道容易堵塞，尤其在空气含尘量大的场合，随运行时间的增加，换热效率急剧降低，流动阻力大；布水不均匀、浸润能力差；金属表面易结垢、维护困难；加工精度低，有漏水现象，成本高
管式	布水均匀；流道较宽，不会产生堵塞，流动阻力小，有利于蒸发冷却的进行	换热效率低；体积大，占地空间大
热管式	导热性好；传热系数高，是一般金属的几百乃至几千倍；结构紧凑，流道不易堵塞	组装起来比较复杂，对安装要求比较高，且不太美观；热管的倾斜度对传热特性有很大影响
转轮式	比表面积大；换热效率高；处理的风量范围大；传热稳定性好；整体性好；布置灵活；排风和新风交替逆向流过转轮，具有自净的作用；通过控制转速，能适应室外空气参数的变化；能应用于较高温度的排风系统	装置体积较大；空气流动阻力较大；要求把新风和排风集中在一起，给系统布置带来困难；有空气掺混的可能性

表 6-7　四种系统热回收效率的比较

类型	板翅式	管式	热管式	转轮式
热回收效率	40%~60%	30%~50%	60%~80%	70%~80%

通过综合对比，可以看出转轮式全热回收系统具有换热效率高、处理的风量范围大、布置灵活、整体性好及经济效益好等优势，可以通过调节转轮的旋转速度来调节热回收效率，能适应不同的室内外空气参数。转轮式全热回收系统能够克服其他热回收设备在实际工程应用中存在的换热效率低、布置工艺复杂、处理风量范围有限等不足，在各种热回收设备中具有一定的优势。但转轮系统也存在占用建筑面积较大，空气流动阻力增大导致的能耗增加，通过分隔板的密封圈的少量空气掺混等问题，须根据建筑情况具体考虑其实用性，例如，该系统不宜用于含有有害污染物的排风热回收。

（二）转轮式热回收系统工作原理

转轮式热回收器的工作原理如图 6-10 所示。转轮固定在箱体的中心部位，装配在一个左右或上下分隔的金属箔箱体内，由减速传动机构通过皮带驱动轮转动。在转轮的旋转过程中，转轮内的填料为蓄热体，以相逆方向流过转轮的排风与新风与轮体进行传热传质，蓄热体将排风中的能量存储起来，然后再释放给新风，从而完成相互间的能量交换过程。一般来讲，全热回收转轮新风风量和排风风量相同或相近，且新风的迎风面积和排风的迎风面积也基本相同。全热回收转轮的转速一般在 300~1 000r/h，比用于新风除湿的转轮系统快很多，而后者的转速一般只有 10~30r/h。

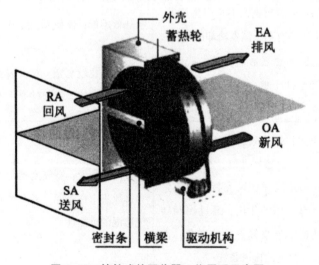

图 6-10　转轮式热回收器工作原理示意图

转轮为热回收器的核心部件。转轮内部材料以特殊的铝合金箔或复合纤维作为载体，并覆以无毒、无味及环保的吸湿蓄热材料构成。材料通常加工成波纹状和平板状，然后按一层平板、一层波纹板相间卷绕成一个圆柱形的蓄热芯体。于是，在层与层之间形成了许多蜂窝状的通道，即为空气流道。在流道中，气流呈现近似层流的流动状态，使得空气中携带的干燥污染物和颗粒物不易沉淀在转轮中。为保证内部气流的通畅，通常需要在新风管道内设置中效过滤器，以防止尘粒等堵塞转轮。热回收性能及效率除了受到固体吸湿材料的影响外，转轮的结构参数（如通道大小、转轮厚度和再生角度等）和运行参数（如处理空气进口温湿度、再生空气进口温湿度、处理空气流量、再生空气流量和转轮转速等）均会对转轮的除湿性能产生相应的影响。

为计算新风、排风及转轮内部材料之间的热量质量交换，转轮理论模型不仅需要考虑空气侧阻力，同时也要考虑吸湿材料内部的导热阻力和质量扩散阻力。

模型中有以下假设：孔道均匀地分布在转轮上；空气进口参数的角度方向均一致；只考虑孔道中空气状态沿流动方向的变化，而不考虑空气沿轴向和径向的扩散和导热；只考虑吸附材料状态随空气流动方向的变化，并认为厚度方向均匀仅随角度（时间）变化。空气能量和质量守恒方程为

$$\frac{1}{u_a}\frac{\partial t_2}{\partial \tau} + \frac{\partial t_s}{\partial z} = \frac{4h}{\rho_a c_{pa} u_z d_h}(t_d - t_s) \qquad (式6-9)$$

$$\frac{1}{u_a}\frac{\partial d_a}{\partial \tau} + \frac{\partial d_n}{\partial z} = \frac{4h_m}{\rho_a u_n d_b}(d_d - d_a) \qquad (式6-10)$$

式中，u_a 为空气在蜂窝状孔道内的速度，m/s；t_a 为空气温度，℃；τ——时间，s；z 为空气流动方向，m；h 为换热系数，W/（m^2·℃）；ρ_a 为空气密度，kg/m^3；C_{pa} 为变气的比定压热容，J/（kg·℃）；t_d 为硅胶温度，℃；d_h 为控制体的水力直径，m；$d_h = 4A_a/P$，其中 A_a 和 P 分别为单个通道中的空气迎风面积（m^2）和湿周（m），d_a 为空气含湿量，kg/kg；h_m 为传质系数，kg/（s·m^2）；d_d 为硅胶等效含湿量，kg/kg。转轮内部固体材料的能量及质量守恒方程为

$$\rho_d\left(c_{pd} + \frac{\rho_{ad}x}{\rho_d}c_{pw}W\right)\frac{\partial t_d}{\partial \tau} + x\rho_{ad}c_{pw}t_d\frac{\partial W}{\partial \tau} = k_d\frac{\partial^2 t_d}{\partial z^2} + q_{st}\rho_{ad}x\frac{\partial W}{\partial \tau} + \frac{4h}{d_h f}(t_a - t_d)$$

$$\varepsilon\rho_a\frac{\partial d_d}{\partial \tau} + \rho_{ad}\frac{\partial W}{\partial \tau} = \varepsilon\rho_a D_A\frac{\partial^2 d_d}{\partial z^2} + \rho_{ad}D_s\frac{\partial^2 W}{\partial z^2} + \frac{4h_m}{xd_h f}(d_a - d_d) \qquad (式6-11)$$

式中 ρ_d 为综合转轮中基材和除湿材料的加权密度，kg/m^3；$\rho_d = x\rho_{od} + (1-x)\rho_m$，其中 x 为转轮的固体部分中除湿材料所占的体积比，ρ_{ad} 和 ρ_m 分别为除湿材料和基材的密度，

kg/m³；c_{pd} 为综合转轮中基材和除湿材料的加权比定压热容，J/(kg·℃)；$c_{pd} = xc_{pad} + (1 - x)c_{pm}$，其中 c_{pad} 和 c_{pm} 分别为除湿材料和基材的比定压热容，J/（kg·℃）；C_{pw} 为水的比定压热容，J/（kg·℃）；w 为硅胶含水率，kg/kg；k_d 为吸附材料的导热系数，W/（m²·℃）；q_{st} 为吸附，J/kg；f 为单个通道的固体迎风面积 A_d 和空气迎风面积 A 之比；ε 为孔隙率。

这一理论模型中同时考虑了一般扩散系数 D_A 和表面扩散系数 D_s，这两者的计算公式如下

$$D_A = \frac{\varepsilon}{\xi}\left(\frac{1}{D_{AO}} + \frac{1}{D_{Ak}}\right)^{-1}$$

$$D_s = \frac{1}{\xi}D_0\exp\left(-0.974 \times 10^{-3}\frac{q_{st}}{t_d}\right)$$

$$\begin{cases} D_{Ao} = 1.758 \times 10^{-1}\dfrac{t_d^{1.685}}{p_a} \\ D_{Ak} = 97a\left(\dfrac{t_d}{M}\right)^{0.5} \end{cases}$$

（式 6 - 12）

式中，ξ 为曲折因子；D_0 为表面扩散常数，m²/s；a 为吸附剂微孔的平均半径，m；p_a 为大气压力，Pa；M 为水的摩尔质量。

若采用硅胶为转轮上的吸附材料，则吸附等温线公式如下

$$W = \frac{W_{max}}{1 - C + \dfrac{C}{\varphi}}$$

（式 6 - 13）

式中，W_{max} 为最大含水率；C 为形状因子；φ 为空气的相对湿度，%。

硅胶的温度与相对湿度及硅胶等效表面含湿量的关系则可用克拉贝隆方程描述

$$\frac{\varphi}{d_d} = 10^{-6}\exp\left(\frac{5.297}{t_d}\right) - 1.61\varphi$$

（式 6 - 14）

为求解这一系列的方程，边界条件如下：

1 区（新风区）$2\pi - O_R\varnothing < 2\pi$ 有：

$$d_{a, 进口} = d_{a, 2, in}$$

$$t_{a, 进口} = t_{a, 2, in}$$

2 区（排风区）$0\varnothing < 2\pi - O_R$，有：

$$d_{n, 进口} = d_{a, 2, in}$$

$$t_{a, 进口} = t_{a, 2, in}$$

式中,∅ 为旋转角度。

若新风利排风为顺流,则进口截面是相同的,即同为 z=0 或 z=1 截面;若新风和排风为逆流,则进口截面不同,分别为 z=0 或 z=1 截面。

同时 ∅ =0 处存在周期性边界条件:

$$d_a(0, z, \tau) = d_a(2\pi, z, \tau)$$
$$t_a(0, z, \tau) = t_a(2\pi, z, \tau)$$
$$d_d(0, z, \tau) = d_d(2\pi, z, \tau)$$
$$t_d(0, z, \tau) = t_d(2\pi, z, \tau)$$

考虑到这一非稳态过程,初始条件如下:

$$d_d(\varnothing, z, 0) = d_{d, 0}$$
$$t_d(\varnothing, z, 0) = t_{d, 0}$$

式中,$d_{d, 0}$ 及 $t_{d, 0}$ 分别为转轮内部材料的初始水分吸附率和初始温度。

为求解这一系列方程,可以采用在计算区域内利用有限差分的方法对方程组进行离散。一般来讲,对流相宜采用一阶迎风差分格式,扩散项宜采用中心差分格式。

对于时间序列,可改写为

$$\varnothing = \varepsilon\varnothing^i + (1 - \varepsilon)\varnothing^{i-1} \qquad (式 6 - 15)$$

ε 的取值不同对应着不同的时间差分格式,在计算中需根据不同的要求及精度进行选取。

一般来说,对于稳态问题,建议选取全隐格式,即 $\varepsilon = 1$ 进行差分;而对于非稳态问题,则建议选取 Crank-Nicolson 格式,以提高时间差分精度。当然,若不要求较高的计算精度,对于非稳态问题也可以采用显式格式,使得在每一个时间层上不必进行迭代计算,减少在每个时间层上的计算时间,从而大大降低总体计算时间。但是,这种典型的时间推进法计算采用的时间步长不能太大,否则计算不稳定。

（三）评价指标

对于热回收装置来说,最主要的评价指标是热交换效率,包括显热回收效率、潜热回收效率及全热效率,可通过下式计算得到

$$\eta = \frac{t_{alin} - t_{alout}}{t_{alin} - t_{a2in}} \qquad (式 6 - 16)$$

$$\eta_l = \frac{d_{alin} - d_{alout}}{d_{alin} - d_{a2in}}$$ （式 6 - 17）

$$\eta_t = \frac{h_{alin} - h_{alout}}{h_{alin} - h_{n2in}}$$ （式 6 - 18）

式中，下标 1 为风量较小侧，2 为风量较大侧，in 为进口，out 为出口。

转轮式热回收系统的全热回收量可由下式计算得到：

$$Q = G_n(h_{alin} - h_{alout})$$ （式 6 - 19）

式中，G 为较小侧的风量以为空气的焓值，kj/kg。

由于增加了转轮热回收设备，排风和新风风道内的阻力都有所增加，对于风机风压的要求因此加大，排风及新风系统增加的风机单位风量的能耗可通过以下公式计算。

$$Q = G_n(h_{alin} - h_{slout})$$ （式 6 - 20）

式中，P 为转轮热回收设备的空气阻力；η_1 为风机总效率。

因此，转轮全热回收系统的能效比（回收能量与多耗的电能之比）为

$$COP_h = \frac{\Delta Q}{\Delta N}$$ （式 6 - 21）

影响转轮性能评价指标的主要因素为转轮的比表面积、吸附剂和主流空气之间的表面传热系数和对流传质系数、吸附材料的吸附等温线、吸湿材料性质、风量、转轮体积和蜂窝状结构及转速等。

二、转轮全热回收技术进展

为更好地指导实际应用，对于转轮热回收的理论及实验研究近年来是我国的一项热门课题，主要分为以下几个方面：提高转轮回收效率，改进转轮内部材料或通道，以及改善转轮等。转速和转轮厚度对除湿转轮和全热回收效率的影响，在一定厚度内转轮越厚除湿效果越好，而超出一定的厚度只会无谓增加材料消耗，而对效果的改善不明显。硅胶及氯化锂的复合转轮干燥材料，发现复合干燥剂的平衡吸附量高达常用硅胶干燥剂的 2 倍。在低湿度情况下表现甚至更为优异。应用了这一新型复合干燥剂的转轮与传统硅胶转轮相比性能系数可提高 34.7%。转轮微通道形状对除湿转轮的性能影响进行了分析，发现在低温低湿的情况下，各种不同形状的微通道性能相差不大；但是随着温湿度的升高，三角形微通道的转轮在性能评价指标上表现最为出色，且与其他形状微通道转轮的表现差异也变得越来越明显。

在高湿情况下，三角形通道比最低的六边形微通道转轮各个评价指标高 10% 左右。在

考虑了新风及排风掺混的影响下，随着转速的增大，转轮系统热回收的效率呈现先增大后减小的趋势，即存在对应最高热回收效率的最优转速，且这一最优转速受转轮厚度及空气流速的影响较显著。实验研究发现在相同转轮厚度下，空气流速越大，最优转速越高；同时，在相同空气流速下，转轮厚度越大，最优转速越低。随着迎面风速的增大，转轮的显热、潜热与全热回收效率均降低；而随着排风量与新风量之比的增大，转轮的这三类效率均增大。当新风干球温度升高时，转轮的显热效率增大，潜热效率与全热效率降低；而随新风含湿量的增大，转轮的显热效率不变，潜热效率与全热效率升高。

三、转轮全热回收技术节能及经济效益分析

（一）转轮式热回收机组在学院综合楼中的应用

总建筑面积为 3 800m^2。该楼一层层高为 4.8m，二层餐厅层高为 6m，总建筑高度为 11.9m。该楼夏季总制冷量为 849kW，冬季的总热负荷为 663kW。整个综合楼共设置了 5 套转轮式全热回收空气处理机组，分别负担着一层休息厅、一层餐厅、一层大堂及休息区、二层餐厅及大堂及二层自助餐厅的新排风热回收的工作。每台机组均设置配电控柜及风阀，并设置了旁通阀，同时排风风机以变频方式运行。机组冬夏季按最小新风量运行，过渡季节全新风运行。本节中重点介绍负责一层休息区及大堂的转轮式热回收机组的运行模式及经济效益。转轮热回收机组冬夏两季的设计参数见表6-8。

表 6-8　转轮热回收机组冬夏两季设计参数

大气压力 p = 101.325kPa		风量/ （m^3·h^{-1}）	温度/℃	含湿量 /（g·kg^{-1}）	焓 （kj·kg^{-1}）	相对湿度/%
夏	排风口（3）进口	6 000	25	10.86	52.92	75
	新风（1）进口	6 000	34	21.77	90.62	35
冬	排风（3）进口	6 000	20	5.05	33.02	65
	新风（1）进口	6 000	-4	2.01	0.98	75

根据设计参数，该系统选用了 RotothermET 型 7 号转轮热回收机组，确定新排风量比为 R=1，转轮迎面风速取 2.5m/s。通过查表可得，转轮直径 D = 1 350mm，压力损失 p = 34Pa，显热效率约 68%。为避免气流短路，安装时送排风的朝向应尽量不同，或设置排风竖井将排风引至高位排放。

这一系统的基本运行模式如下。

1. 冬、夏季两季运行时

关闭旁通阀 A、B，使得排风预处理新风。新风通过粗效过滤器后，通过热回收转轮与排风进行热、湿交换后与回风混合，并通过电动对开多叶调节阀 C，调节混合比例。之后，混合风通过加热（或表冷）段进一步处理，并经送风机将处理后的空气送入室内。

2. 过渡季运行时

开启旁通阀 A、B 并关闭电动对开多叶调节阀 C。新风不经过转轮直接送入室内，实现全新风运行。排风也同样不经过转轮，直接通过旁通阀 A，排到室外。采用了这一转轮热回收系统后，所配套的冷热源采用风冷热泵机组，其容量可相应减小 51kW（约 43 860 大卡），按照 1.2 元/大卡的初投资计算，即节省金额为 5.26 万元。同时，冷热源所需的配套设备附件及管材管径相应减小，其中冷冻水泵流量可减少约 8.77t/h，水泵选型可相应降低，冷热水管路及保温材料亦同时减小，可共节省约 1.0 万元。但是，转轮式热回收系统中的新风空调箱初投资则相应增加，一般可达 8 元/（$m^3 \cdot h^{-1}$），高于传统新风机组 3 元/（$m^2 \cdot h^{-1}$）的价格，因此会导致初投资增加约 3.0 万元。另外，由于须设置变频排风机以及相应的控制模块，增加的费用为 1.0 万元。因此，综上所述，采用转轮式热回收机组后可共节约初投资的量为 2.26 万元。

（二）转轮式热回收机组在湖南省常德市某办公综合楼中的应用

以办公综合楼的新风系统为例进行改造设计。夏季的空调室外设计温度为 35.3℃，湿球温度为 28.3℃，相对湿度为 75%，室外风速为 2.1m/s；而冬季的室外设计温度为 -3℃，相对湿度为 79%，室外风速为 1.9m/s。夏季室内设计温度为（26±2）℃，相对湿度为 60×（1+10%），风速小于 0.3m/s；冬季室内设计温度为（18±2）℃，相对湿度大于 35%，风速小于 0.2m/s。

办公综合楼的总建筑面积为 31 372m^2，由塔楼和裙楼组成，其中塔楼为 24 层，裙楼 4 层，地下 1 层。目前现有的中央空调系统采用电制冷螺杆式冷水机组加燃气式热水锅炉的空调方式，空调的布置则采用风机盘管或吊顶风柜+新风机组的方式。目前新风系统先将新风处理到室内空气参数的焓值与相对湿度 95% 线的交汇点处，然后通过新风管道直接送入室内，在室内与处理过的回风混合使得室内的温湿度满足室内设计要求。该建筑空调系统的计算新风量为 101 650m^3/h，计算新风冷负荷为 1 052kW，计算新风热负荷为 735kW。

改造对象为综合的第 14 层，建筑平面布局如图 6-11 所示。图中以粗线简单地表示了原新风系统的新风机组以及新风管路的布置。原空调系统采用的是分层设置水平式新风系统，每层按房间中所需的新风量及新风负荷配置新风机组。其中，新风负荷主要由新风机组承担，而空调房间中的末端空气处理设备承担室内的冷负荷及部分新风湿负荷。原空调系统中，部分新风量较小的房间，如客房等没有设置排风系统；而对于会议室、宴会厅、歌舞厅等新风量较大的房间，则按该房间的新风量配置排风风机，并维持室内正压。

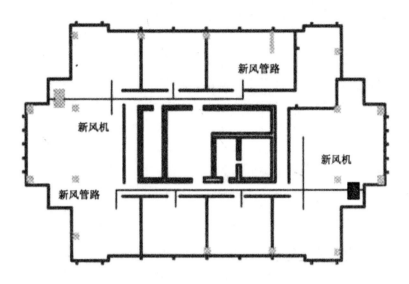

图 6-11 建筑平面图及原新风系统平面布置图

改造中拟采用转轮全热回收系统进行排风热回收，替代原新风系统中的新风机组，可以省去新风机组所需的冷水/热水管路，而且不需要重新设计新风系统，但需要加设排风管路。拟改造后的系统平面布置及管路如图 6-12 所示。

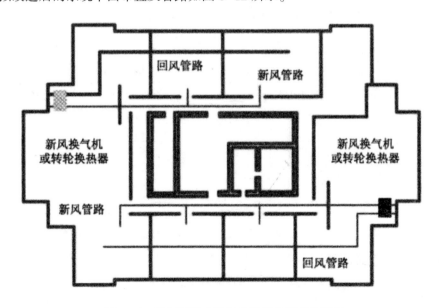

图 6-12 采用转轮全热回收系统的平面布置图

该层原新风系统和采用了转轮全热回收设备的系统的设计参数见表6-9。

表6-9　原方案及改造方案的设备主要参数表

方案	设备	η/%	风量/（$m^3 \cdot h^{-1}$）	设备提供（回收）		功率/kw
				冷量/kw	热量/kw	
原系统	新风机组	–	117 500	1 339	1 493	23
	排风风组	–	<117 500			30
转轮全热回收系统	转轮换热器	80%	109 755	842	588	123

采用全热回收设备后，系统空调负荷会相应降低，即可降低空调主机的装机容量，减少机房内的各种设备的初投资与费用，特别是冷水机组、水泵及风机等。同时，全热回收系统不需要额外的新风机，也可以节约一部分初投资，但购买转轮热回收设备也需投入。原新风系统与采用转轮全热回收设备系统的初投资费用见表6-10。

表6-10　原方案与改造方案的设备初投资

方案	机房设备费用/万元	新风机/万元	转轮换热器/万元	合计/万元
原系统	395.11	176.25	–	571.36
转轮全热回收系统	289.26	–	219.51	508.77

应用转轮全热回收系统后，空调系统的总冷负荷和总热负荷均有不同程度的降低，运行费用也会相应减少。在对不同空调系统的运行能耗的模拟中，考虑了湖南地区的气候特点，并以湖南地区的电价为依据，按照电价（商业用电）0.8元/kW·h和气价3.3元/m^3，进行计算。不同方案的运行费用见表6-11。

表6-11　原方案与改造方案的运行费用

运行费用	夏季电费/万元	冬季电费/万元	冬季燃料费/万元	合计/万元
原系统	121.90	6.04	117.10	254.04
转轮全热回收系统	100.92	11.92	73.32	186.16

综合考虑初投资、运行费用以及设备的使用寿命等因素，可以得到年平均成本，这一成本可以直接反映方案投资和运行的合理性与经济性。按螺杆式冷水机组的寿命为15年计算，原方案的年平均成本为283万元，而改造后的方案的成本大幅下降，仅为220万元，较原运行方案节约了30%左右。可以看出在这一设计在集中排风的建筑中，利用转轮

全热回收这一高效节能的技术，可以在获得良好空气品质的前提下，有效降低能源消耗。

四、转轮全热回收技术在绿色建筑中的应用案例

以商业楼全空调系统转轮全热回收为案例进行分析。空调系统安装 5 台新风机组，全部采用排风全热回收型，新风机组采用吊装方式，排风热回收装置集中在新风机组内。采用转轮式全热回收，额定全热回收效率可达 0.6，总新风量为 8 000m³/h，考虑到实际排风损失和卫生间排风，有效热回收的排风量为 6 000m³/h。由全热回收器全热回收效率可知：

$$i_2 = i_1 - (i_1 - i_3) \eta_{is} \qquad (式 6-22)$$

式中，η_{is} 为全热回收设备效率。

因此，全热回收器的冷回收量为

$$Q_s = G \cdot \rho \cdot (i_2 - i_1) \qquad (式 6-23)$$

式中，Q_s 为全热回收器的冷回收量，kJ/h；G 为热回收设备新风量，m³/；ρ 为空气密度 1.16kg/m³。

取全热回收器进口排风温度 26℃，相对湿度 60%，经计算空气焓值 58.85kj/kg。室外新风取夏季全年日平均温度空调设计温度 33.5℃，湿球温度 27.7℃，经计算空气焓值 90kj/kg，则全热回收器在额定工况下冷量回收量 173 443kj/h。

由于缺乏热回收运行期间的综合效率模拟软件及相关计算公式，考虑其运行状态变化与冷机的运行状态变化比较相似，故以主机的综合工况计算公式作为热回收综合效率的计算公式做近似计算。转轮式全热交换器的综合效率取最大值 0.29，则全热回收器冷量回收量为 83 831kj/h。以全热回收器全年工作时间 6 个月，每天工作 10h 计算，全年可回收冷量为

$$W = Q_1 T / 3\ 600 \qquad (式 6-24)$$

式中，Q_1 为在综合效率下全热回收器冷回收量，kJ/h；W 为全年可回收冷量，kW·h；T 为全热回收器全年工作时间，h。

计算得出全热回收器全年实际可回收冷量约 4.2×10^4 kW·h。以制冷机组额定工况 COP 值 3.0 计算，则年减少耗电 1.4×10^4 kW·h。

第五节　膜式全热回收技术

一、膜式全热回收技术原理

膜科学技术是一门新兴的高分离、浓缩、提纯、净化技术。随着膜技术的进步，它在空调热湿回收领域的研究和应用有了较快发展。人们利用透湿膜做成全热交换器，这是一种被动除湿技术，又称膜焓回收器。膜式全热交换器用于空调排风的热湿回收时，可以节约中央空调能耗的 20%~40%。

膜法空气除湿的机理主要是溶解–扩散机理。根据这个机理，水蒸气在膜内的传递分为三步：

第一，新风侧的水蒸气被膜吸附。

第二，水蒸气从新风侧的膜扩散到排风侧的膜。

第三，水蒸气从排风侧脱附并被排风带走。

将选择性半透膜组合起来就成为膜式全热交换器。膜式全热交换器的换热效率主要受膜材料的传热传质特性、新排风的温湿度、芯体的迎面风速以及交换器气体通道的形状和结构等因素影响。目前研究较为广泛的组件形式有平行板式及中空纤维式等。如图 6-13 所示，典型的平行板式膜组件是由一组平行板式膜堆叠在一起形成的，相邻膜之间等间距布置，形成多通道的矩形流道，新排风空气在矩形流道内交替流动。由于结构简单及组装容易，平行板式膜组件结构已在空气热质交换器和全热回收器中广泛应用。由于平行板式膜组件之间空间较大，可以考虑增加正弦、三角形或矩形波纹等翅片强化流动与传热传质。翅片的增加可以对平板式膜起到支撑作用，弥补膜机械强度较低的缺陷，但支撑也会导致空气阻力增加。中空纤维膜组件具有可观的装填密度，比表面积可达 2 000 m^2/m^3，组件传热传质能力也较平板式有很大提高，但结构复杂，制作困难，特别是两端的密封问题较难解决，流道内的压降较大。该形式一般多用于溶液除湿或加湿等过程中，而较少使用在全热交换器中。

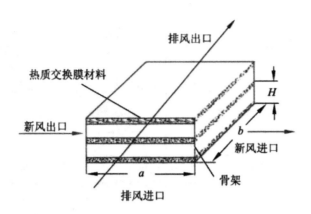

图 6-13　全热交换器芯体结构示意图及实物图

常见的膜式全热回收装置安装在新排风风道内，如图 6-14 所示，使得两者通过半透性膜进行热质交换。在夏季，室外温湿度相对较高的新风会将热湿传递给室内温湿度相对比较低的排风，使室外空气在进入新风机组前达到预冷除湿的目的；在冬季，室内排风的温湿度比室外新风的高，使室外新风达到预热加湿的目的。

为进一步提高膜式全热回收器的应用范围及效率，结合膜式除湿和制冷除湿的优点，提出了由膜式全热交换器和制冷除湿系统构成的膜式全热回收制冷除湿系统。如图 6-15 所示。这一系统由膜式全热交换器、压缩机、蒸发器、膨胀阀以及两个平行布置的冷凝器组成。新风和排风分别交叉流过膜式全热交换器，在全热交换器中，在两侧的含湿量差的驱动力下，新风和排风同时热湿交换，使排风的全热得到回收，新风的温度和含湿量都降低了。

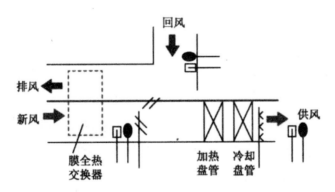

图 6-14　膜的全热交换器在新风处理单元中的应用

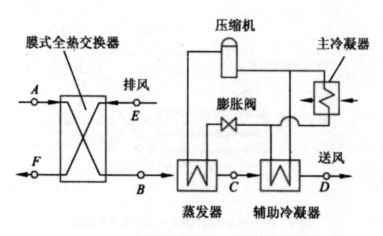

图6-15　膜式全热回收制冷除湿系统示意图

温度和含湿量降低之后的新风通过蒸发器进一步冷却下降。由于蒸发器出口的空气温度很低，不能直接输送到室内，需要将其再热到20℃再输送到室内，否则会引起人员的冷吹风感，影响人体的舒适性或者造成墙壁表面结露，影响墙体的寿命。因此，利用辅助冷凝器释放的冷凝热量可以将空气再热到20℃，而无需额外的能源消耗，提高了系统的综合效率。这一系统能够很好地解决新风量和能耗的问题，并且该系统结构紧凑，利用电能，适用于城市人口密集的南方城市。

二、膜式全热回收技术进展

（一）膜材料的选择及研究进展

膜的种类包括有机高分子聚合物膜和无机膜。有机高分子聚合物膜根据不同的结构，可分为以下三种：

1. 均质膜

以压力、浓度或电势梯度作为驱动力，通过不同的传递速率和溶解度，产生了各种物质在均质膜中的分离。这一类型膜的效果主要是受扩散率影响，一般来说渗透率较低，制备时应使膜尽可能薄，可制成平板型和中空纤维型。

2. 非对称膜

非对称膜有很薄的表层活性膜（0.1～1μm），其孔径和性质决定了分离特性，而传递速度取决于其厚度。除表层外，该类型膜还具有多孔支撑层（100～200μm），主要起支撑作用，对分离特性和传递速度影响非常小。连续性的非对称膜具有较高的传质速率和良好的机械强度，在同样的压力差推动下，其渗透速率比相似性能的对称膜高10~100倍。

3. 复合膜

复合膜的结构如图6-16所示，其分离性能主要是由表层决定的，但也要受到微孔支撑层的结构、孔径、分布及孔隙率的影响。一般来说，孔底膜结构的孔隙率越高愈好，可降低膜表层与支撑层的接触部分，有利于物质传递；而孔径则应越小越好，可减小高分子层中不起支撑作用的点间距离。目前工业上复合膜常用聚醚砜做多孔支撑，因其化学性能稳定，机械性能良好。目前的研究中也使用其他高分子有机化合物（如聚丙烯腈偏氟乙烯等）或无机物（如石英玻璃和硅酸盐类等）做多孔支撑层。

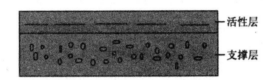

图 6-16 复合型膜结构示意图

无机膜通常又被称为分子筛膜。与有机高分子聚合物膜相比，无机膜具有许多突出优点，例如耐热、耐化学腐蚀及高机械强度等，特别适合于高温气体分离和化学反应过程。目前实际使用的无机膜孔径多为0.1~1μm。由于膜的特性将直接影响全热回收器的各项性能，提高及改进膜的各项特质一直是这一行业中的热门研究领域。使用聚醚砜做支撑层，硅氧烷酰胺做选择性活性层的中空纤维膜，该膜的水蒸气与空气的选择性可以高达4000:1，且水的渗透速率很大。复合支撑液膜由液膜相、支撑层以及皮层构成。液膜相是质量分数为30%的氯化锂盐浓溶液，支撑层是醋酸纤维素膜，皮层是聚偏氟乙烯。实测发现水蒸气在膜内的平均渗透速率约为$1.14 \times 10^{-4} \ kg \cdot m^{-2} \cdot s^{-1}$，几乎是同样厚度的固体亲水醋酸纤维膜的两倍。以多孔聚醚砜（PES）做支撑层，以经过亲水改性的聚乙烯醇（PVA）溶液做活性分离层，合成一种新型的透气复合除湿膜。研究发现在PVA溶液中添加氯化锂可以提高膜的渗透性能，亲水改性后的膜的透湿性能提高了70%。利用SMA和CTAB对共混膜进行亲水化改性以降低共混膜表面的粗糙度提高其亲水性。

（二）膜式全热回收器理论模型进展

在全热回收器中，两股具有不同温湿度的空气交叉流过全热交换器，通过膜这一中间介质进行热湿交换。其中热量传递的动力是温差，质量传递的动力是水蒸气分压力差。全热回收器的传湿量除了与两股空气间水蒸气分压力差有关系外，还受中间媒介的透湿性能影响。

平行板流道全热交换器由许多个平行流道组成，风和排风分别流过板材的两侧，同时交换湿热。由于对称性，只研究相邻两层膜间的传热传质。本节介绍的理论模型，以相邻的两个流道作为研究对象，采用微元法将其划分为若干微元，每个微元中，新风和排风都是以交叉流的方式进行热湿交换，其中，新风的温度和含湿量沿着 x 方向变化，排风的温度和含湿量沿着 y 方向变化。

计算模型分为传热传质过程稳态及非稳态两种，建模时采用了以下假设：

1. 气流内的热扩散是质扩散与对流传递相比可忽略不计。

2. 膜与水蒸气间是平衡吸附。

3. 膜内的热导率、质量扩散系数等热物理参数是常数。

4. 膜内的温度和浓度在膜厚度方向上是线性分布。

5. 水蒸气在膜内的扩散仅发生在厚度方向，即可以将膜内传质过程简化为一维过程。

6. 膜的厚度与它的宽度、长度尺寸相比是很小的，因此只考虑膜的厚度方向上一维的导热过程。

7. 忽略气流在垂直于流道方向上的传热传质，视作二维（在 xr 和 y 方向）传递。

对于稳态情况，其中空气侧的传热传质的无量纲方程为

$$\frac{\partial t_a}{\partial x^*} = \mathrm{NTU}_{h,\, n}\left(t_m^* - t_n^*\right) \tag{式 6-25}$$

$$\frac{\partial \omega_a}{\partial x^*} = \mathrm{NTU}_{D,\, a}\left(\omega_m^* - \omega_a^*\right) \tag{式 6-26}$$

式中，NTU 为传热传质单元数，t 为温度，w 为含湿量，下标 h 为传热，D 为传质，a 为空气流动，m 为该空气侧的薄膜表面。

膜的传热传质方程为

$$\frac{\partial t_m^*}{\partial z^*} = \frac{\partial^2 t_m^*}{\partial (x^*)^2} + \frac{\partial^2 t_m^*}{\partial (y^*)^2} + \frac{\partial^2 t_m^*}{\partial (z^*)^2} \tag{式 6-27}$$

$$\dot{m}_w = -D_{wm}\rho_m \frac{\partial \omega}{\partial z} = D_{wm}\rho_m \frac{\omega_{m\cdot m1} - \omega_{m\cdot a2}}{\delta} \tag{式 6-28}$$

式中，D_{wm} 为水蒸气在膜内的扩散系数，$\dot{m}_w$ 为质量流量。

运行过程中，新风通过对流传热将热量传递给该空气侧的膜表面，然后通过导热传递到排风侧膜表面，排风侧的膜表面通过对流传递的方式将热量带走，则通过膜的热量为

$$h_f(t_{a1}^* - t_{m,a1}^*) = \frac{\lambda_m}{\delta}(t_{m+a1}^* - t_{m+a2}^*) = -h_f(t_{sz}^* - t_{m,a2}^*) \qquad \text{（式 6 - 29）}$$

式中，h 为对流传热系数，δ 为厚度。

根据溶解扩散模型，在膜的传质过程中，水蒸气首先吸附在新风侧膜表面上，然后扩散到排风侧的膜表面上，最后在排风侧的膜表面上完成解吸。在吸附和解吸这一过程中，存在着吸附平衡。水蒸气通过膜的质量流量可由下式计算得到

$$\rho_s k_{a1}(\omega_{a1}^* - \omega_{m,a1}^*) = \frac{\rho_m D_{wm}}{\delta}(\theta_{m,a1}^* - \theta_{m,a2}^*) = -\rho_a k_{a2}(\omega_{s2}^* - \omega_{m,a2}^*) \qquad \text{（式 6 - 30）}$$

式中，k 为对流传质系数。

对于非稳态情况，模型控制方程为式为以下，其中质量连续方程为

$$\frac{\partial \rho u_j}{\partial x_i} = 0 \qquad \text{（式 6 - 31）}$$

式中，ρ 是流体密度，kg/m³；u 为流动速度，m/s。

流道中的 N-S 方程为

$$\frac{\partial}{\partial x_j}(\rho u_i u_j) = -\frac{\partial p}{\partial x_i} + \frac{\partial}{\partial x_j}(\tau_{ij} + \tau'_{ij})$$

$$h_j = \frac{\mu C_p}{P_r}\frac{\partial T}{\partial x_j}, \quad h'_j = -\rho C_p \overline{u'_i u'_j} \qquad \text{（式 6 - 32）}$$

质量守恒式为

$$\frac{\partial}{\partial x_j}(\rho u_j \omega_v) = \frac{\partial}{\partial x_j}(q_j + q'_j)$$

$$q_j = D_{va}\frac{\partial \omega_v}{\partial x_j}, \quad q'_j = -\overline{\rho u'}; \; \vec{\omega'} \qquad \text{（式 6 - 33）}$$

式中，D_{va} 为干空气的质传递速率，m³/s。

湍流压力由式决定

$$\tau'_{ij} = \mu_1\left(\frac{\partial u_i}{\partial x_j} + \frac{\partial u_j}{\partial x_i}\right) - \frac{2}{3}\delta_{ij}k\rho \qquad \text{（式 6 - 34）}$$

式中，δ_{iy} 为克罗内克函数，当 i=j 时 $\delta_{iy} = 1$。

控制方程中的湍流传热传质系数可由下式计算得到

$$h_j^t = \frac{\mu_t}{\sigma_\theta}\frac{\partial T}{\partial x_j}, \quad q'_j = \frac{\mu_t}{S_1}\frac{\partial \omega_v}{\partial x_j} \qquad \text{（式 6 - 35）}$$

式中，σ_θ 为常数；Sc 为施密特数，一般来讲可以取 0.7。

对于理论模型中的准则数，可通过式计算。

边界层内的对流传热系数可以通过 Nusselt 关联式来表示

$$Nu = \frac{hd_e}{\lambda_n} \qquad (式 6 - 36)$$

施密特数 Sc 为

$$Sc = \frac{\mu_a}{\rho_n D_{wi}} = \frac{\nu_i}{D_{wii}} \qquad (式 6 - 37)$$

雷诺数的计算公式为

$$Re = \frac{\rho_n u_m D_h}{\mu_m} \qquad (式 6 - 38)$$

式中，u_m 为入口平均风速，m/s。

（三）性能指标及研究进展

膜式全热交换器的性能指标主要包括热工性能、空气动力性能、有效换气率及漏风量。热工性能即热交换效率，包括显热、潜热和全热交换效率，其计算方法与前述介绍的全热回收设备相同。通过测试全热回收器进出口新排风的温湿度，即可计算得到热交换效率。

膜式交换器的空气动力性能，主要包括风量、迎面风速和空气阻力。当全热交换器所处理的风量减小时，由于对流传热传质系数的降低，一定程度上会对热质交换产生不利影响，但当通道长度一定时，风量下降将使单位体积空气在通道内的停留时间加长，又有利于新风与排风进行充分的热质交换。同时，全热交换器的阻力也与处理风量密切相关。动力性能主要由测量全热交换器的阻力及风量得到。有效换气率和漏风量是检测全热交换器性能的两个重要评价指标。若全热交换器的两个通道之间存在泄露，不但热质交换效率将会下降，更有可能导致新风的污染及细菌传播。全热交换器的有效换气率公式如下

$$\eta_c = \left(1 - \frac{C_{a1,\,out} - C_{a1,\,in}}{C_{a2,\,in} - C_{a1,\,in}}\right) \times 100\%$$

$$\qquad (式 6 - 39)$$

$$E_G = \left(\frac{C_{a1 \cdot out} - C_{a1,\,in}}{C_{a2,\,in} - C_{a1,\,in}}\right) \times 100\% = 1 - \eta_c$$

式中，η_e 为有效换气率，%，E；为二氧化碳漏气率，%；C 为二氧化碳体积分数，%；下角标 a1、a2 分别为新风和排风，in 和 out 分别为进出口。

通过在新风进风、送风和排风出风三点进行二氧化碳取样，测得其浓度值，即可计算得到全热交换器的有效换气率。空气-空气能量回收通风装置的有效换气率不小于90%。为保证准确度，一般这项测定在实验室中完成。测试实验台如图6-17所示。

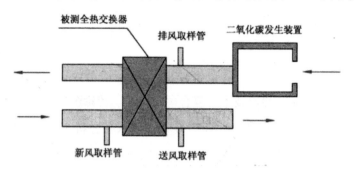

图 6-17　有效换气率实验示意图

使用全热交换器回收的能量计算公式为

$$Q_r = G_w \rho (h_w - h_N) \eta_h \times \frac{1}{3600} \qquad (式 6-40)$$

式中，G_w 为新风风量，h_w 为新风焓值，h_N 为室内排风焓值。

风机所需轴功率的计算公式：

$$N_z = \frac{QP}{3.6\eta_m} \times 10^{-6} \qquad (式 6-41)$$

式中，N_z 为风机所需的轴功率，kW，Q 为风机所需风量，m^3/h，P 为风机所产生的风压，Pa。

风机所配电动机的功率可按下式计算：

$$N = N_z \times K \qquad (式 6-42)$$

式中，K 为电动机容量安全系数，取 1.2。

通过对膜式全热回收器各项参数的分析，膜式全热交换器的换热效率随着处理风量的增大而减小，且潜热换热效率的降低幅度明显大于显热效率。这是由于随着气流速度的增大，虽然传热阻力及传质阻力均下降，但接触时间大为减少导致效率降低。而随着新排风进出口温差的增大，显热、潜热效率均有显著增加。主要是由于交换器交换膜两侧的温差越大，膜的平均温度越高，使得透过传湿膜的传湿通量增加，潜热效率变大；而传湿通量的增加使得传热阻减小，从而改善了换热效果使得显热效率也有增加。同样，交换器的显热、潜热效率随新排风进出口含湿量差的增加而增加，其中潜热效率受其影响更明显。膜芯体材料的厚度及孔径对显热换热及潜热换热都有影响，芯体的厚度越薄，孔径分布越细密，则传热传质效果越好，换热效率越高。另外，对于相同的膜式全热换热器，夏季工况下的潜热换热效率高于冬季工况，而显热效率及全热换热效率则低于冬季工况。随着风量的逐渐加大，芯体迎面风速逐渐增大，全热换热器的阻力也随之增加，一般来讲呈抛物线关系。

三、总结

主要介绍了热管技术、热电技术、复合冷凝技术、转轮全热回收技术和膜式全热回收技术的原理及其进展，并分析其节能经济效益，展示和分析了这些热回收技术的应用案例。众多的传热元件中，热管可将大量热通过很小的截面积远距离传输而无须外加动力，是有效的传热元件之一。热管技术具有热阻小、传热快、传热量大的特点，其均温性能好，热管工作时，蒸发段产生的蒸汽高速流向冷凝段而压降甚微，故管壳内接近等压，由此热管内两端蒸汽温差很小，一般只有 $1 \sim 3^{\circ}C$。热管的传热方向可逆，热流密度可变，热管处于失重状态或水平放置时，任一端受热即为蒸发段，另一端为冷凝段，反之亦然。热管热流密度可通过改变蒸发段和冷凝段的换热面积的方式改变，这种特性可用于集中热流分散处理，也可用于分散热流集中处理使用。热管的应用温度范围广，适应性强，目前能适应的温度范围可达 $200 \sim 2\,000^{\circ}C$（因工作介质与管壳材料而异）。热管应用不仅不受热源的限制，其蒸发段和冷凝段还可以制造成各种形状。

自空调冷凝热作为免费热源提供热水的概念提出以来，伴随着空调使用量的急剧增加，复合冷凝技术已经取得快速发展。大型空调系统的冷凝热回收的研究工作开展较早，已经能够生产出成熟的冷凝热回收冷凝机组。由于具有在大型空调制冷系统上成功运用复合冷凝技术的经验，小型空调系统的冷凝热回收的发展也取得了一定进步。复合冷凝热技术能够充分利用空调系统废热，将空调系统中的低品位热量转换加热生活热水，在有效减少热污染的同时，也达到了节能的目的。尽管空调冷凝热应用过程中存在着空调系统运行时段与热水使用时段的时间差问题以及生活热水的用量与冷凝热量之间不匹配的问题，但是这一系列问题都可以通过合理设计蓄热水箱及辅助热源解决，因此复合冷凝技术是一种切实可行的建筑节能技术。

相比其他热回收方式，膜式全热回收是一项新兴技术。随着膜科学的发展与进步，它在空调热湿回收领域的研究和应用有了较快发展。通过采用选择性透湿膜，该全热回收方式具有显热、潜热效率高，装置体积小，布置灵活，可防止污染物扩散等优势。由于膜的特性将直接影响全热回收器的各项性能，提高及改进膜的各项特质一直是这一行业中的热门研究领域。相关研究预测，膜式全热回收于建筑中应用可节约 20%~40%的中央空调能耗。受制作工艺、成本及长期运行可靠性等影响，这一系统目前尚未投入正式大规模使用。但膜式全热回收具有其独特的优势和极强的竞争力，相信随着科技的发展及研究的深入，会有越来越多的实际应用。

第七章 建筑电气节能与建筑智能化

第一节 建筑电气设备的节能

一、风机、水泵的节能

（一）风机和水泵的节能原理

民用建筑中，风机和水泵是用量最多的动力设备之一，它的节能意义重大。

风机、水泵的负载特性如下式

$$n_1/n_2 = Q_1/Q_2$$

$$(n_1/n_2)2 = H_1/H_2 = T_1/T_2 \qquad （式7-1）$$

$$(n_1/n_2)3 = P_1/P_2$$

换言之，可用下列各数学表达式表示

$$Q \propto n$$

$$H \propto n^2 \qquad （式7-2）$$

$$P \propto n^3$$

$$P_1/P_2 = (Q_1/Q_2)3 = H_1/H_2 \times n_1/n_2$$

式中，Q_1，Q_1，Q_2——风量、流量。

H、H_1，H_2——风压、扬程。

P、P_1，P_2——轴功率。

T_1、T_2——负载转矩。

n、n_1、n_2——转速。

从上式可以得出以下重要结论：

风机、水泵的轴功率与其转速的三次方成正比，合理选择转速，是节能的方式之一。如果转速不变，风机、水泵的轴功率与风机风压、泵扬程成正比。合理设置风压、扬程是节能的方式之一。

因此，可以通过改变电动机的转速来达到节能的目的。表7-1列举出降低转速对节能的贡献程度，当转速降低到额定转速的一半时，实际功率只有额定功率的12.5%，节能效果非常可观。

表7-1　不同转速下的电动机实际功率

转速 n/n	0.25	0.5	0.75	1.0
功率 p/p	1.562 5%	12.5%	42.187 5%	100%

当风机、水泵以恒定转速运转中，可以通过改变风压或水泵扬程达到节能运行的目的。

那么，如何进行调速呢？不同电动机有不同的调速方法。

就交流异步电动机而言，其转速按式进行计算：

$$n = n_1(1 - s) = 60(1 - s)f_1/n_p \qquad (式7-3)$$

式（7-3）中，n_1——同步转速（r/min），即电动机旋转磁场的转速，用式计算：

$$n_1 = 60f_1/n_p \qquad (式7-4)$$

s——异步电动机的转差率，$s = (n_1 - n)/n_1$。

f_1——定子频率（Hz）。

n_p——磁极对数。

因此，我们可以得出以下结论。交流异步电动机的调速可以节能，其调速方法有以下几种：

①改变交流电动机的定子频率。

②改变电动机磁极对数。

③通过调节异步电动机的转差率。

具体调速的方法有变压、电磁转差离合器、线绕转子电动机转子回路串电阻、线绕转子电动机串级调速和双馈电机调速、变极对数、变频变压等。限于篇幅所限，本书重点介绍民用建筑中经常使用的变磁极数调速和变频调速两种方式。

（二）变磁极数调速

民用建筑中经常采用双速风机，平时使用在低速状态，风量较小，用电量也不大，经常用于排风。消防使用，需要用大风量进行排烟，此时风机工作在高速状态，耗电量也要大许多。风机转速与磁极数成反比，磁极数越大，转速越小，所消耗的功率也越小，从而达到节能的目的。通常磁极数有 2、4、6、8 等极数，如果以 2 极为基准，增加磁极数节能效果如表 7-2 所示，节能效果非常不错，而且结构简单，造价低廉，经常用于两种转速的风机。

表 7-2　磁极数对输出功率的关系

磁技术	2	4	6	8
同步转速（r/min）	3 000	1 500	1 000	750
同步转速比 n/n_e	1	0.5	0.33	0.25
实际功率比 P/P_e	100%	12.5%	3.7%	1.56%

结论：变磁极数调速方式经常用于双速风机电路中，变磁极数原理的不同导致其主回路和控制回路有较大的差别。

（三）变频调速装置

1. 变频器的工作原理

变频调速装置通常采用变频器对频率实施连续调节的电气装置，其原理是利用半导体器件的通断作用将工频电源变换为另一频率的电能控制装置。例如，变频器主要采用 AC-DC-AC 变换方式，Hz 交流电源通过整流器转换成直流电源，实现 AC-DC 转换。然后再实现第二次转换，即 DC-AC，把直流电源转换成交流。变频器交流输出和交流输入的频率、电压可以不同，交流输入的频率、电压以被控制的电动机需求为准。

2. 变频器的组成

变频器通常由整流、直流环节、逆变和控制等部分组成。整流部分通常采用三相桥式整流，该部分是将工频 50Hz 的交流电变成直流电的电路；整流部分输出的直流要由直流环节进行滤波、直流储能，逆变部分通常采用 IG-BT 三相桥式逆变器，其输出为 PWM 波形。

3. 变频器的主接线图

当机械有调速要求时，笼形电动机和绕线转子电动机的启动方式应与调速方式相配合。可见，电动机主回路包含变频器是电动机调速的需要，因此，变频器应串联在电动机的主回路中。

当一个变频器带多台电动机时，只能用于非重要负荷，或一组电动机一用多备运行方式，最常见的是一用一备，一个变频器带 n-1 台电动机，由于变频器串联在电动机主回路中，一旦变频器出现故障或检修，将影响全部 n-1 台电动机正常使用。

当确实需要"一带多"运行方式时，一台变频器 AV 带 n 台电动机，通过接触器 QA-Cll、QACln 将变频器连接到相应电动机主回路中，从而实现调速作用当变频器故障或检修时，电动机可以通过主回路中接触器 QAC1、QACn 对电动机实施启动、运行。

4. 变频器选型

变频器串联在电动机主回路中，其选型应满足低压电器的相关要求，即要注意以下几点：

①变频器的额定电压、额定频率应与所在回路标称电压及标称频率相适应。

②变频器的额定电流不应小于所在回路的计算电流。

③变频器的额定容量不应小于所带电动机额定容量。

④变频器应适应所在场所的环境条件。

变频器是大功率的电力电子元件，工作温度对其影响甚大，一般要求工作温度为 $0 \sim 55℃$，为保证变频器可靠运行，宜将变频器工作温度控制在 40℃ 以下。

变频器应满足短路条件下的动稳定与热稳定的要求。同时，变频器用于电动机的调速，要与所带的负荷特性相匹配，主要注意转矩是否匹配，在恒转矩负载或者有减速装置负载时尤为重要，需要复核转矩匹配问题；连接变频器的电缆不宜过长，最好变频器临近电动机。长电缆的对地耦合电容较大，会影响到变频器的输出功率和转矩。当变频器离电动机较远时，可将变频器容量放大一挡。变频器会产生大量的谐波，因此抑制谐波意义重大，可以采用电抗器抑制变频器产生的高次谐波，也可安装滤波器达到同样的目的。推荐每台电动机单独使用变频器，且变频器宜靠近被控的电动机。

二、电动机的选用

（一）电动机的能效限定值和节能评价值

选择电动机应考察其能效，电动机的能效限定值应满足表7-3的要求，能效限定值是基本要求，也是强制性要求，必须满足。从节能角度看，宜优先选用高效能电动机，高效能电动机的节能评价值应满足表7-4的要求，这是推荐性要求，只有满足表7-4要求的电动机才算节能型电动机。

表 7-3 电动机能效限定值

额定功率 kw	效率(%)		
	2 极	4 极	6 极
0.55	–	71.0	65.0
0.75	75.0	73.0	69.0
1.1	76.2	76.2	72.0
1.5	78.5	78.5	76.0
2.2	81.0	81.0	79.0
3	82.6	82.6	81.0
4	84.2	84.2	82.0
5.5	85.7	85.7	84.0
7.5	87.0	87.0	86.0
11	88.4	88.4	87.5
15	89.4	89.4	89.0
18.5	90.0	90.0	90.0
22	90.5	90.5	90.0
30	91.4	91.4	91.5
37	92.0	92.0	92.0
45	92.5	92.5	92.5
55	93.0	93.0	92.8
75	93.6	93.6	93.5
90	93.9	93.9	93.8
110	94.0	94.5	94.0
132	94.5	94.8	94.2
160	94.6	94.9	94.5
200	94.8	94.9	94.5
250	95.2	95.2	94.5
315	95.4	95.2	–

表 7-4 电动机能评价值

额定功率 kw	效率		
	2 极	4 极	6 极
0.55	–	80.7	75.4
0.75	77.5	82.3	77.7
1.1	82.8	83.8	79.9
1.5	84.1	85.0	81.5
2.2	85.6	86.4	83.4
3	86.7	87.4	84.9
4	87.6	88.3	86.1
5.5	88.6	89.2	87.4
7.5	89.5	90.1	89.0
11	90.5	91.0	90.0
15	91.3	91.8	91.0
18.5	91.8	92.2	91.5
22	92.2	92.6	92.0
30	92.9	93.2	92.5
37	93.3	93.6	93.0
45	93.7	93.9	93.5
55	94.0	94.2	93.8
75	94.6	94.7	94.2
90	95.0	95.0	94.5
110	95.0	95.4	95.0
132	95.4	95.4	95.0
160	95.4	95.4	95.0
200	95.4	95.4	95.0
250	95.8	95.8	95.0
315	95.8	95.8	–

（二）高效电动机与普通电动机的比较

YX 系列电动机属于节能型电动机，与 Y 系列三相异步电动机相比，YX 系列电动机效率更高，节能约 13%。XY 系列与 Y 系列三相异步电动机效率比较见表 7-5。

表 7-5　XY 系列与 Y 系列三相异步电动机效率比较

同步转速(r/min)	3 000				1500				1 000			
负载率 β(%)	75		50		75		50		75		50	
系列	Y	YX	Y	YX	Y	YX	Y	YX	Y	YX	Y	YX
功率 P_N(kW)	η(%)											
1.5	78.9	–	78.4	–	80.3	–	80	–	77.3	82.8	74.6	82
2.2	82.9	–	82.1	–	81.7	87	80.6	86.5	81	85.8	79.5	84.8
3	82.2	86.8	80.5	86.3	82.5	87.2	80.6	86.6	83.9	87.5	83.4	86.8
4	86.2	88.6	85.5	88	85.2	89	84.5	88.5	85	88.4	84.8	87.6
5.5	87.5	89	86.4	88.2	86.7	90.2	86.7	89.5	86.7	88.8	87.1	88.3
11	87.3	90.2	87.7	89.4	88.2	90.7	88.4	90.3	86.9	90.4	86.5	89.6
15	88.1	91.2	85.9	90.4	88.8	92	88.5	91.6	87.7	91.0	87.3	90.2
18.5	89.1	92.4	86.4	91.6	89.3	92.2	89.1	91.7	89.7	92.2	88.7	91.5
22	88.6	92.4	89	91.7	91.4	93.2	90.7	92.8	90.2	92.2	89.5	91.5
30	89.6	92.5	87	92.1	91.9	93.5	91.4	93	90.8	92.5	90.5	91.8
37	90.4	93	87.9	92.7	92.5	93.8	92	93.5	90.8	93.4	90.3	92.8
45	91.5	93.4	89	93	92.2	94.2	91.8	93.7	91.3	93.8	91	93.2
55	91.2	94	90.4	93.5	92.7	94.5	92.3	94	92.4	94	91.9	93.4
75	91.2	94.2	89.7	93.6	92.9	94.8	92.4	94.2	92.6	94.2	92.6	93.6
90	91.9	94.4	90.6	94	92.5	95.0	91.9	94.6			90.3	92.8

系列与 Y 系列三相异步电动机年节电量可用式计算：

$$\Delta W = W_1 - W_2 = \beta P_N (1/\eta_1 - 1/\eta_2) H \qquad (式 7-5)$$

式中, ΔW ——年节电量 (kW·h)。

W_1——标准电动机年耗电量 (kW-h)。

W_2——高效电动机年耗电量 (kW-h)。

β ——负荷率 (%)。

P_N ——电动机额定功率 (kW)。

η_1——标准电动机效率。

η_2——高效电动机效率。

H——年运行小时 (h)。

通过计算可得结论，电动机功率越大、运行时间越长、负荷率越高，节省的电费越多。条件允许时，宜尽量选用节能型电动机。

三、电梯节能技术

电梯作为高层、超高层建筑中的垂直交通工具已经被广泛使用。由于化石能源的逐渐匮乏，节能呼声越来越高，高层建筑电梯能耗却逐年增高，其节能问题已经被越来越多的人所重视。电梯节能主要从以下几个方面入手。

（一）电梯轿厢内电气设备节能技术

电梯轿厢内主要有以下用电设备：空调机、换气扇、照明设备、LED 液晶电视等。空调机节能通过变频控温和空调机的间隙控制实现。变频空调较普通的空调节能在 20% 以上，空调机的间隙控制可以使空调机在长时间无人呼叫时工作在低功耗模式，间歇控制空调机的开通关断可最大限度减少空调用电。

通过检测电梯轿厢内空气质量实现换气扇的控制，既可保证电梯内的空气质量，又可通过精密控制减少换气扇工作时间，降低换气扇能耗。

照明设备、LED 液晶电视可工作于节假日模式和低人流模式，在保证其照明和指示功能的同时最大限度地降低其工作时间，从而达到节能的目的。

（二）电梯动力系统节能技术

电梯动力系统节能技术可通过电梯再生能量回馈实现，将运动中负载的机械能（位能、动能）通过变频器变换成电能（再生电能）并回送给交流电网，或供附近其他用电设备使用，使电机拖动系统在单位时间消耗电网电能下降。普通的变频器大都采用二极管整流桥将交流电转化成直流，然后采用 IGBT 逆变技术将直流转化成电压、频率皆可调整的交流电。这种变频器只能工作在电动状态，所以称为二象限变频器。由于二象限变频器采用二极管整流桥，无法实现能量的双向流动，在某些电动机要回馈能量的应用中，如电梯、提升设备、离心机系统，只能在二象限变频器上增加电阻制动单元，将电动机回馈的能量消耗掉。

IGBT 功率模块可以实现能量的双向流动，如果采用 IGBT 为整流桥，用高速度、高运算能力的 DSP 产生 SPWM 控制脉冲，可以调整输入的功率因数，消除对电网的谐波污染，让变频器真正成为"绿色产品"。

1. **节能控制方案**

①电动机发电的电能不是通过电阻热耗，而是通过直流侧电能并联控制系统，将发电的能量合理分配给其他用电电梯，从而实现节能目的。

②当发电能虽过剩时，电动机发电的电能不是通过电阻热耗，而是通过整流（逆变器）再将这部分电能回馈给电网。

③某一时刻电梯总用电大于总发电电能时，采用直流电能并联控制方案，只有在直流侧并联控制能量过剩时，才采用回馈控制。

④当有一部电梯处于回馈能最状态时，其他所有电梯的整流功能全部停止，即整流与回馈不能同时进行，避免环流发生。

⑤当控制系统发生故障或有突发情况发生时，可切断控制器使一部或几部电梯单独运行，此时电梯变频器直流侧不再并联，电梯制动产生的电能直接回馈给电网。当然，电梯制动所产生的电能必须符合国家电网公司的要求后方可并网。

2. 电梯调度优化节能技术

同一建筑中，电梯数量超过 4 部时，电梯群控就很有必要，通过合理的电梯调度算法可以减少每部电梯的平均工作时间，从而实现电梯调度优化节能。电梯有较大的节能空间。

四、末端电器的节能

我国出台了多部关于末端用电电器产品的能效限定值或能效等级标准，对降低能耗、节能环保起到很好的促进作用，目的是在全球能源短缺的大背景加强节能管理，推动节能技术进步，提高能源效率。

（一）能效标识

能效标识是常用的能效等级标识，又称能源效率标识，是全球较通行的能效标注方法，目前已有多个国家实施了该制度。能效标识是附在耗能产品（包括末端电器）或其最小包装物上，表示产品能源效率等级以及其他性能指标的信息标签。能效标识可以为用户和消费者的购买决策提供必要的信息，以引导和帮助消费者选择高效节能产品。能效标识为蓝白背景，不同彩色标识表示不同等效等级。

顶部标有"中国能效标识"字样的彩色标签，一般粘贴在产品的正面面板上。能效标识共分为 5 个等级。以 268 升的家用电冰箱为例，1 级能效标识的要比 5 级的省电约 0.7 度/天，每年省电约 260kW·h，假设全国 1 亿台 5 级能效标识的换成 1 级的，则年节电 260 亿 kW·h，约为三峡水电站年发电量的 30%，节电效果非常可观。能效标识等级如下：

①表示产品达到国际先进水平，最节电，耗能最低。

②表示比较节电，但不及等级1。

③表示产品的能源效率为我国市场的平均水平。

④表示产品能源效率低于市场平均水平。

⑤是市场准入指标，低于该等级要求的产品不允许生产和销售。

（二）空调器的能效

空调器的能效比是在额定工况和规定条件下，空调器的实际制冷量或制热量与实际运行功率的比值，前者表明空调器的制冷性能，表示空调器单位功率的制冷量，故称为制冷性能系数，用 EER 表示，即 EER＝制冷量/制冷消耗的功率；后者表明空调器的制热性能，用 COP 表示，COP＝制热量/制热所消耗的功率，显然 COP 表示空调器单位功率的制热能力。

EER 和 COP 越高，表明空调器消耗更小的电能而获得更多的制冷量和制热量，空调器将更加节能、环保。因此，在选用空调器时，应选择能效比较高的产品。

（三）电冰箱的能效

目前世界上绝大多数的电冰箱属于压缩式电冰箱，这种电冰箱由电动机提供机械能带动压缩机对制冷系统做功，而制冷系统利用制冷剂较低沸点的特性，在制冷剂蒸发汽化时须吸收大量的热量，从而降低电冰箱内部温度。其原理与空调器的原理相同，其优点是寿命长，使用方便，因此被广泛使用。由于电冰箱属于常年使用的电器，其能效指标对节能意义重大。

表7-6　电冰箱能效等级的能效指数

能效等级	能效指数（%）	
	冷藏冷冻电冰箱	其他类型电冰箱
1	≤40	≤50
2	40~50	50~60
3	50~60	60~70
4	60~70	70~80
5	70~80	80~90
类型	节能评价值（%）	
冷藏冷冻电冰箱	50	
其他类型电冰箱	60	

表中其他类型电冰箱系指无星级室的冷藏箱、带1~3星级室的冷藏箱、冷冻食品冷

藏箱、食品冷冻箱。

冷藏冷冻电冰箱宜选用能效指数为 50% 的节能产品，无星级室的冷藏箱、带 1~3 星级室的冷藏箱、冷冻食品冷藏箱、食品冷冻箱等宜选用能效指数为 60% 的产品。

第二节　电能质量与节能

一、电能质量概论

（一）电能质量基本概念

电能质量是指优质供电。但迄今为止，对电能质量的技术含义还存在着不同的认识，从工程实用角度出发，将电能质量概念进一步具体分解并给出解释，其具体内容见表 7-7。

表 7-7　电能质量概念

术语	英文	内容
电压质址	Voltage Quality	即用实际电压与理想电压间的偏差（应理解为广义偏差，即包含幅值、波形、相位等），反映供电企业向用户供给的电力是否合格，此定义虽然能包括大多数电能质量，但不能（或不宜）将频率造成的质量问题包含在内，同时不含用电（电流）对质址的影响。
电流质	Current Quality	即对用户取用电流提出恒定频率、正弦波形要求，并使电流波形与供电电压同相位，以保证系统以高功率因数运行。这个定义有助于电网电能质量的改善，并降低线损，但不能概括大多数因电压原因造成的电能质量问题，而后者往往并不总是由用电造成的。
供电质量	Power Supply Quality	应包含技术含义和非技术含义两部分：技术含义有电压质量和供电可靠性；非技术含义是指服务质量（Quality of Service），包括供电企业对用户投诉与抱怨的反应速度电力价恪（合理性、透明度）等。
用电质量	Custom Power Quality	包括电流质量和非技术含义，如用户是否按时、如数缴纳电费等，它反映供用双方相互作用与影响中用电方的责任和义务。

（二）电能质量的定义

电能质量在定义为导致用电设备故障或不能正常工作的电压、电流或频率的偏差，其内容包括频率偏差、电压偏差、电压波动与闪变、三相不平衡、暂时或瞬态过电压、波形畸变、电压暂降与短时间中断以及供电连续性等。

IEEE 技术协调委员会给出的技术定义："合格电能质量的概念是指给敏感设备提供的电力和设置的接地系统是均适合于该设备正常工作的。"

二、供电电压偏差与节能

（一）概述

电压偏差是供配电系统在正常运行方式下（即系统中所有元件都按预定工况运行），系统各点的实际电压 U 对系统标称电压 U_n 的偏差 δ_u：

$$\delta_n = \frac{U - U_n}{U_n} \times 100\% \qquad\qquad （式 7-6）$$

式中，δ_u——电压偏差。

U——系统中各点的实际电压。

U_n——系统标称电压。

供电电压偏差是电能质量最主要的指标之一，也是影响建筑物供配电系统运行效率的重要参数之一。电压偏差限值的确定是一个综合的技术经济问题，确定合理的偏差对于电气设备的制造和运行，对电力系统安全和经济节能都有重要意义。

（二）电压偏差超标的危害

电压偏差过大，会对电气设备和电力系统运行带来系列的危害和设备附加损耗，具体分析如下：

1. 对照明设备的影响

电气设备都是按照额定电压下运行设计制造的。以白炽灯、荧光灯为例，其发光效率、光通量和使用寿命，均与电压有关。白炽灯对电压变动很敏感，当电压较额定电压降低 5% 时，白炽灯的光通量减少 18%；当电压降低 10% 时，光通量减少 30%，使照度显著降低。当电压比额定电压升高 5% 时，白炽灯的寿命减少 30%；当电压升高 10%，寿命减少一半，这将使白炽灯的损坏显著增加。荧光灯灯管寿命与其通过的工作电流有关。电压增大，电流增加，则寿命降低；反之，电压降低，由于灯丝预热温度过低，灯丝发光物质发生飞溅也会使灯管寿命降低。

2. 对电动机的影响

现代建筑中大量使用的异步电动机，当其端电压改变时，电动机的转矩、效率和电流都会发生变化。异步电动机的最大转矩（功率）与端电压的平方成正比。如电动机在额定电压时的转矩为100%，则在端电压为90%额定电压时，它的转矩将为额定转矩的81%；如电压降低过多，电动机可能停止运转，使由它带动的生产设备运行不正常。有些载重设备（电梯）的电动机，还会因电压降低而不能启动。此外，电压降低，电动机电流将显著增大，绕组温度升高，在严重情况下，会使电动机烧毁；当电压过高时，转矩增大，会对机械造成过大的冲击，影响机械的使用寿命，同时能耗增加。

3. 对变压器、互感器的影响

当电压升高时，对变压器、互感器的影响主要有两方面：一是励磁电流增加，使铁芯中磁感应强度增加，导致铁损增加、铁芯温升增加；二是轴和绕组表面电场强度增加，促使轴和绕组绝缘老化加速，严重时将使绝缘很快老化，导致绝缘损坏。当电压降低时，在传输同样功率条件下，绕组电流增加，绕组损耗与电流平方成比例地增加。

4. 对并联电容器的影响

180电容的无功功率与电压平方成比例，电压降低使其无功功率输出大大降低。电压上升虽其无功功率提高，但由于电场增强使局部放电加强，导致绝缘寿命降低。若长期在1.1Un下工作，其寿命约降至额定寿命的44%。电容器的爆炸及外壳鼓肚等现象就是由于局部放电及绝缘老化累积效应引起的。

5. 对其他用电设备的影响

电压降低使显示设备的色彩变坏，亮度变暗；电压升高使电子设备阴极加热电流增加，显像管寿命降低，阴极电压升高5%，寿命约缩短一半。电压偏移过大时，使电子计算机和控制设备出现错误结果和误动等。

（三）供电电压偏差的节能原理

供电电压偏差运行技术的节电原理。

1. 建筑物供配电系统和用电设备具有较高的无功电压灵敏度。

2. 配电变压器运行在一定程度的磁饱和状态下，当电压降低时变压器的励磁电流减小。现场测试表明，当电压降低1%时，变压器的无功功率相应减少。

3. 建筑物负荷中大部分是电动机负荷和电加热负荷及空调负荷，而这些负荷功率的静态特性表明，当电压降低时，有功功率变化很少，而无功功率变化很大。负荷电压灵敏度的静态模型可以表示为

$$P = P_0 \left(\frac{U}{U_0} \right)^P \qquad （式 7-7）$$

$$Q = Q_0 \left(\frac{U}{U_0} \right)^\theta \qquad （式 7-8）$$

式中，P——用电负荷的实际有功功率（KW）。

Q——用电负荷的实际无功功率（KVar）。

P_0——基准点稳态运行时负荷有功功率（kW）。

Q_0——基准点稳态运行时负荷无功功率（kVar）。

P_u——负荷有功功率的电压特性指数。

Q_u——负荷无功功率的电压特性指数。

U——负荷母线的实际电压（V）。

U_0——基准点稳态运行时负荷母线电压（V）。

其中主要用电设备的静态特性参数及 U/U_0 由 1.05 降到 1.0 时，P/P_0 和 Q/Q_0。变化如表 7-8 所示。

表 7-8　P_u，Q_u 取值及 P/P_0 和 Q/Q_0 变化表

设备		机电设备	泵、风扇和其他机电	中央空调	室用空调	显示设备	电热类	荧光灯	白炽灯
P_u		0.05	0.08	0.2	0.5	2	2	1.2	1.6
Q_u		0.6	1.6	2.2	2.5	5.2	0	3	0
P/P_0	$U/U_0 = 1.05$	1.002	1.004	1.010	1.025	1.103	1.060	1.060	1.081
	$U/U_0 = 1.0$	1.000	1.000	1.000	1.000	1.000	1.000	1.000	1.000
Q/Q_0	$U/U_0 = 1.05$	1.030	1.081	1.113	1.130	1.289	1.158	1.158	1.000
	$U/U_0 = 1.0$	1.000	1.000	1.000	1.000	1.000	1.000	1.000	1.000

从表中可以得出以下结论，纯阻性负荷，如白炽灯、电热负荷等，由于无功功率的电压特性指数 $Q_u = 0$，电压降低对无功功率没有影响，Q/Q_0 始终等于 1。而电压降低对有功

功率将产生影响，当电压由 $1.05U_0$ 的实际电压降低到额定电压时，有功功率降低约 10%。

1. 荧光灯是非线性负荷

电压由 $1.05U_0$ 降低到额定电压，有功功率降低约 6%，无功功率降低更为明显，降低约 16%。

2. 显示类设备如电视机、显示器等

非线性特性比较明显，电压对功率影响比较大。当电压由 $1.05U_0$ 降低到额定电压时，有功功率降低约 10%，而无功功率降低高达近 30%。

3. 空调类负荷也有一定程度的非线性特征

电压对无功功率影响远大于对有功功率的影响。当电压由 $1.05U_0$ 的实际电压降低到额定电压时，有功功率只降低 1%~3%，而无功功率降低达 11%~13%。

4. 其他电机类的负荷与空调类负荷相类似

电压对有功功率影响甚微，只有不超过 4%，而电压对无功功率影响要大些，约为 8%。因此，降低运行电压，对纯阻性负荷有功功率有较大的节能潜力。对电机类负荷、显示类负荷节能潜力更大。设备运行降至额定电压时，设备处于最佳运行条件，同时无功电流产生的线路损耗将减小，也减少了无功补偿设备的投入。

（四）降低供电电压偏差的措施

减小供电电压偏差是保障电能质量和降低损耗的基本任务之一。配电系统的各个节点的电压偏差与调压设备、无功补偿设备等有关，并和运行、调度人员对电压的监测、管理和调整密切相关。

1. 优化系统负荷分配，降低负荷峰谷差值

①经济上，用电价政策鼓励用户使用谷电量，提高谷负荷降低峰负荷，削峰填谷。并用分时电价政策鼓励夜间用电。

②技术上保证电网的无功功率储备，采用抽水蓄能等技术，避免峰负荷期间电压过低，同时推广蓄能式电热水器和冰蓄冷设备。

③合理调整用电企业的休假日和上下班时间，避让用电高峰。

2. 分层、分区、就地平衡无功功率

①对高、低压大用户，采取根据功率因数调整电价的措施，通过经济手段鼓励用户合理投切（或调节）无功补偿装置。

②根据有关规定，在各个电压等级合理配置的无功补偿装置，要能随负荷的变化进行分组自动投切，降低电网中的无功电流。功率因数偏低的大功率设备，应配置无功补偿装置，并要求与设备同时投切或连续调节。

③合理布局电网运行方式，做好无功功率日、月、季、年的平衡计划，做好无功功率分层、分区就地平衡的基础工作。

3. 合理配置有载电压，推广 VQC 的应用

尽管民用建筑中较少采用有载调压和 VQC 技术，但有必要简单介绍一下该技术。VQC 的全称即电压质量控制装置，常用在电网级，用户变电所较少采用。它是变电站综合自动化系统电压、无功综合调节的主站，可用软件控制，是变电站综合自动化的一部分，适合各种电压等级的变电站。通过变电站站内监控网络可得到电力系统的各种信息，常有相关节点的电压、电流、有功、无功以及有关断路器的状态等。用户应根据实际需要选用有载变压配电变压器来提高电压质量，但民用建筑终端用户应慎重行事。

4. 改进电网结构，缩短供电半径

①应将中压配电网络深入负荷中心。降低配电变压器的容量，增加台数，达到就近安装的目的，尽可能合理地缩短供电半径。

②合理调整负荷设备，防止设备过载运行。

③随着城市负荷密度增加，配电电压宜由 10kV 改为 20kV 或 35kV。

第三节　建筑节能智能化控制技术

一、一般要求及内容

对建筑物内各类机电设备的监视、控制、测量，应做到运行安全、可靠、节省能源、节省人力。内容包括照明系统、空调通风系统、给排水系统、变配电系统及其他机电设备采用智能化控制技术实现的节能措施、实施方法和应用示例。

二、建筑设备监控系统网络结构

（一）建筑设备监控系统的组成

建筑设备监控系统由监控主机、现场控制器、仪表和通信网络四个部分组成。

（二）通信网络的性能要求

1. 系统通信网络和通信设备的设置，应满足系统响应时间要求、通信子网的数量限制要求、系统总点数限制要求。

2. 每个通信子网设置，应使监控主机数量、现场控制器台数、监控点数、通信网络的线路长度、线路规格等符合各生产厂商的网络通信要求。

（三）网络形式

建筑设备监控系统的网络结构模式应采用集散式或分布式控制方式，由管理层网络、监控层网络和现场控制层网络组成，实现对设备运行状态的监视和控制。建筑设备监控系统大多采用二级或三级网络的形式。

二级网络的形式，即上层网络为局域网 LAN（通常是以太网或 BACnet 网络），下层网络则采用 RS485、LonWorks 等速率较低的标准工控总线构成。

三级网络的形式，即管理层（中央站）网络采用以太网 JEEE802.3、以太网的 CS-MA/CDJEEE802.4 等；自动化层（DDC 分站）网络采用以太网和 AregLAN，物理层遵守 IEEE802.3；现场网络层（现场总线）控制器之间用 RS485 互联接入数据网关，采用流行的 BACnet 协议或 LonWorks 网络的 LonTalk 协议。

（四）网络协议

网络协议规则和信息格式，即为了确保通信双方正确的信息交换，要求信息的内容、格式、传输顺序都有一整套规则、标准和约定，这些要求称为网络协议。为实现开放系统互联所建立的分层模型，简称 OSI 参考模型。其目的是为异种计算机互联提供一个共同的基础和标准框架，并为保持相关标准的一致性和兼容性提供共同的参考。

OSI 参考模型分层原则是将相似的功能集中在同一层内，功能差别较大时则分层处理，每层只对相邻的上下层定义接口。这个模型把开放系统的通信功能划分为七个层次，相应的称为物理层、数据链路层、网络层、传输层、会话层、表示层和应用层。建筑设备监控系统常用网络协议如下：

1. TCP/IP 协议。

2. LonTalk 协议。

（五）网络标准

建筑设备监控系统常用的网络标准；BACnet 标准，LonMark 标准。服务和协议，可以使不同厂家的产品可以在同一个系统内协调工作。

（六）总线

在计算机技术中，总线是指地址、数据、控制等各种信号线的集成。在建筑设备监控系统（BAS）中，总线是用来连接管理计算机、中央站、分站、现场装置或各种系统的物理通道，以完成数据或序号的传输。BAS 的总线可分成三种，即管理总线、控制总线、现场总线。

1. 管理总线

管理总线用于管理计算机和中央站内部器件的连接，是上层信息网（属于信息域），信息网通常选用 TCP/IP 协议，采用以太网结构。

2. 控制总线

控制总线用于中央站与分站、分站与现场装置、现场装置与现场装置之间的连接，是下层控制网（属于控制域），亦称为测控网，控制网通常选用 RS485 协议，采用总线结构。

3. 现场总线

现场总线是一种网络技术，用于分站与现场装置、现场装置与现场装置之间的连接，它是数字式、双向串行传输、多节点结构的数字通信网络，也被称为开放式、数字化、多点通信的底层控制网络。

三、智能照明节能控制

（一）节能控制的要点

以下表 7-15 为照明节能控制要求。

表 7-15　照明节能控制要求

建筑或照明场所	控制要点
建筑的楼梯间、走道的照明	宜采用节能自熄开关，节能自熄开关宜采用红外移动探测加光控开关，应急照明应有应急时强制点亮的措施
高级公寓别墅	宜采用智能照明控制系统
公共建筑和工业建筑的走廊、楼梯间门厅等公共场所的照明	宜采用集中控制，并按建筑使用条件和天然采光状况采取分区、分组控制措施
小开间房间	可采用面板开关控制，每个照明开关所控光源数不宜太多，每个房间灯的开关数不宜少于 2 个（只设置 1 只光源的除外）
大面积的房间如大开间办公室、图书馆、厂房等	宜采用智能照明控制系统，在有自然采光区域宜采用恒照度控制，靠近外窗的灯具随着自然光线的变化，自动点燃或关闭该区域内的灯具，保证室内照明的均匀和稳定
影剧院、多功能厅、报告厅、会议室等	宜采用调光控制
博物馆、美术馆等功能性要求较高的场所	应采用智能照明集中控制，使照明与环境要求相协调
宾馆酒店的每间（套）客房	应设置节能控制型总开关
医院病房走道	夜间应能关掉部分灯具
体育场馆比赛场地	应按比赛要求分级控制，大型场馆宜做到单灯控制
候机厅、候车厅、港口等大空间场所	应采用集中控制，并按天然采光状况及具体需要采取调光或降低照度的控制措施
房间或场所装设有两列或多列灯具时	宜按下列方式分组控制：①所控灯列与侧窗平行；②生产场所按车间、工段或工序分组；③电化教室、会议厅、多功能厅、报告厅等场所，按靠近或远离讲台分组
有条件的场所	宜采用下列控制方式：①天然采光良好的场所，按该场所照度自动开关灯或调光；②个人使用的办公室采用人体感应或动静感应等方式自动开关灯；③旅馆的门厅、电梯大堂和客房层走廊等场所，采用夜间定时降低照度的自动调光装置；④大中型建筑，按具体条件采用集中或集散的、多功能或单一功能的自动控制系统

建筑或照明场所	控制要点
道路照明	①应根据所在地区的地理位置和季节变化合理确定开关灯时间并应根据天空亮度变化进行必要修正。宜采用光控和时控相结合的智能控制方式。②采用集中遥控系统时，远动终端宜具有在通信中断的情况下自动开关路灯的控制功能和手动控制功能。同一照明系统内的照明设施应分区或分组集中控制。宜采用光控、时控、程控等智能控制方式，并具备手动控制功能。③道路照明采用双光源时，在"半夜"应能关闭一个光源，采用单光源时，宜采用恒功率及功率转换控制，在"半夜"能转换至低功率运行
夜景照明	①具备平日、一般节日、重大节日开灯控制模式；②建筑物功能复杂，照明环境要求较高，宜采用专用智能照明控制系统，该系统应具有相对的独立性，宜作为 BA 系统的子系统，应与 BA 系统有接口。建筑物仅采用 BA 系统而不采用专用智能照明控制系统时，公共区域的照明宜纳入 BA 系统控制范围

（二）智能照明节能控制系统

智能照明控制系统是一个总线型式的标准局域网络。它由系统单元、输入单元和输出单元三部分组成。所有的单元器件（除电源外）均内置微处理器和存储单元，由一根五类数据通讯线（或光纤）将控制器件连接成手牵手的网络。除电源设备外，每一单元设置唯一的单元地址，并用软件设定其功能。系统遵循国际通讯协议标准局域网络标准，即遵循 IEEE802.3CSMA/CD 协议。子网的数据传输速率为 9 600 波特，主干网传输最高速率为 115 200 波特，接入以太网支持 10M/100M。

（三）采用智能照明节能控制系统的优越性

1. 节能效果显著。

2. 延长光源寿命。

3. 改善工作环境，提高工作效率。

4. 减少安装布线的开支。

5. 提高管理水平，减少维护费。

6. 应用范围广泛，可实现多种照明效果

（四）节能控制方式及应用场所

智能照明控制系统的常用控制方式一般有场景控制、定时控制、红外线控制、就地控制、集中控制、群组组合控制、远程控制、图示化监控等。其主要功能见表 7-16。

表 7-16 照明节能控制方式

控制方式	特点及应用
场景控制	用户预设多种场景，按动一个按键，即可调用需要的场景。多功能厅、会议室、体育场馆、博物馆、美术馆、高级住宅等场所多采用此种方式
日照补偿控制	根据探头探测到的照度来控制照明场所内相关灯具的开启或关闭。写字楼、图书馆等场所，要求恒照度时，靠近外窗的灯具宜根据天然光的影响进行开启或关闭
定时时钟控制	根据预先定义的时间。触发相应的场景，使其打开或关闭。适用于地下车库等大面积场所
天文时钟控制	输入当地的经纬度，系统自动推算出当天的日出日落时间，根据这个时间来控制照明场景的开关。特别适用于夜景照明、道路照明
就地手动控制	正常情况下，控制过程按程序自动控制，在系统不工作时，可使用控制面板来强制调用需要的照明场景模式
群组组合控制	一个按钮，可定义为打开/关闭多个箱柜（跨区）中的照明回路，可一键控制整个建筑照明的开关
应急处理控制	在接收到安保系统、消防系统警报后，能自动将指定区域照明全部打开
远程控制	通过英特网（Internet）对照明控制系统进行远程监控，能实现：①对系统中各个照明控制箱的照明参数进行设定、修改；②对系统的场景照明状态进行监视；③对系统的场景照明状态进行控制
图示化监控	用户可以使用电子地图功能，对整个控制区域的照明进行直观的控制。可将整个建筑的平面图输入系统中，并用各种不同的颜色来表示该区域当前的状态
日程计划安排	可设定每天不同时间段的照明场景状态。可将每天的场景调用情况记录到日志中，并可将其打印输出，方便管理。

（五）照明智能控制系统的应用条件

1. 系统单元

（1）主流总线协议

在国际上照明控制系统市场上，目前的主流控制协议有 DALI 通信标准、C-Bus 控制总线协议、Dynet 控制总线协议、EIB 总线标准、HBS 总线系统、X-10 电力载波技术等。不同的协议支持不同的产品和组网方式，具有各自不同的特点和适用范围。

（2）传输介质

在国际上照明设施控制系统数据的传输介质无统一的标准，目前主要有光纤传输方式、双绞线传输方式、电力载波传输方式和无线射频传输方式四种方式。这四种传输方式的数据传输速率、传输的可靠程度有较大区别。

（3）网桥

对网桥编程和设置，有效地控制各子网和主干网之间的信息流通、信号整形、信号增强和调节传输速率，大大提高了大型照明控制网络工作的可靠性。

2. 输入单元

①控制面板。

②液晶显示触摸屏。

③液晶显示时间管理器。

④液晶显示手持式编程器。

⑤多功能智能探测器。

3. 输出单元

①开关模块。

②调光模块。

4. 管理软件

（六）智能照明控制系统设计步骤和方法

1. 照明系统整理

根据建筑平面图和设计人员对照明系统的要求罗列出需要受控的回路。核对照明回路中的灯具和光源性质，进行整理。

2. 按照明回路的性能选择相应的驱动器和传感器

驱动器的选用取决于光源的性质，选择不当就无法达到正确和良好的控制效果。因各个厂家驱动器产品对光源及配电方式的要求可能有所差异，此部分内容配置前建议参考相应产品技术资料或直接向照明控制系统厂商做详细技术咨询。根据控制要求及建筑平面图配置传感器，面板数虽应能满足控制要求并兼顾使用方便。

3. 根据照明控制要求选择控制面板和其他控制部件

控制面板是控制调光系统的主要部件，也是操作者直接操作使用的界面，选择不同功能的控制面板应满足操作者对控制的要求，控制系统一般有以下几种控制输入方式：

①采用按键式手动控制面板，随时对灯光进行调节控制。

②采用时间管理器控制方式，根据不同时间自动控制。

③采用光电传感自动控制方式，根据外界光强度自动调节照明亮度。

④采用手持遥控器控制。

⑤采用电脑集中进行控制。

⑥其他控制方式。

4. 选择附件、附加功能及集成方式

控制系统如需与其他相关智能系统集成，可选用相应的附件。附件功能是为了更好地实现智能节能控制的作用，一般控制系统产品均具有如下功能可选：

①时间控制功能。

②恒亮度控制功能。

③逻辑控制功能。

④中央监控。

⑤动监测功能。

四、空调系统的智能化控制

（一）冷冻水及冷却水系统的节能控制

第一，技术可靠时，宜对冷水机组出水温度进行优化设定（冷水机组自身控制条件允许时）。

第二，冷水机组的冷水供、回水设计温差不应小于5℃。

第三，间歇运行的空气调节系统，应采用按预定时间进行最优启停的节能控制方式。

第四，冷水机组的群控，根据冷冻水供回水温差及流量值，自动监测建筑物实际消耗冷量（包括：瞬时冷量和累积冷量）。优化设备运行台数和运行顺序的控制。并作为计量和经济核算的依据。

第五，通常中小型工程的冷冻水采用一次泵系统，在满足运行可靠性、具有较大节能潜力及经济性的前提下，可采用一次泵变流量系统，对于较大系统，系统阻力较高、各环路负荷特性相差较大时，采用二次泵变流量系统。

第六，采用空调变流量系统时，变频泵不宜采用流量作为被控参数。

第七，采用变频泵时，供回水总管上设置旁通电动阀用于调节超限值。

第八，变流量冷冻水的控制，应满足下列规定：冷水机组变速调节控制时，一次泵变流量系统变速调节控制要相适应。一次泵变流量系统末端宜采用两通调节阀，二次泵变流量系统末端应采用两通调节阀，当冷冻水系统为多个阻力不同的供水环路构成时，可采用动态水力平衡调节装置，使各环节获得各自需要的冷冻水流最，确保各环路的动态平衡。根据末端最不利压差控制冷冻水泵的转速。对于具有陡降型特性曲线的水泵，采用压差控制方式较有利。应设置冷冻水泵的最低频率，最低频率与水泵的堵转频率和冷水机组最小流量有关，一般最低频率不小于30Hz。一台变频器宜控制一台水泵，多台水泵并联运行时，其频率宜相同。

第九，冷却水系统的节能控制冷却水侧的变频控制方式和调速范围应充分考虑冷水机组的效率。同时兼顾冷水机组和冷却塔的最小流量的要求。冷却水泵的变频节能控制根据进出水温度及温差，控制冷却水泵的转速，当温度仍高于设定值时，应增加冷却塔风机运行的台数或提高风机的转速。设置冷却水泵的最低频率（一般不小于30Hz），以防止水泵堵转。

（二）水源热泵系统的节能措施

第一，当循环水温度 Tx ≥ 30℃时，自动切换为夏季工况（与夏季相关的阀门打开，相应的冬季阀门关闭），冷却水系统供电。

第二，当20℃循环水温度 Tx < 30℃时，通常认为是过渡季节，冷却水系统和辅助热源系统自动切除。

第三，当循环水温度 Tx ≥ 30℃时，自动切换为冬季工况（与冬季相关的阀门打开，相应的夏季阀门关闭），辅助热源系统工作。

第四，根据循环水温度，控制循环水泵的转速和冷却塔运行台数或转速。控制转速时，应设置最低频率，以防堵转。

第五，水源热泵系统的其他控制（例如，冷冻水、水源热泵机组侧等）内容与上述内容相近，不再赘述。

（三）地源热泵系统的节能措施

第一，夏季热泵系统启动顺序为地埋管侧循环水泵、空调循环水泵、地源热泵机组，夏季停机顺序相反。冬季热泵系统启动顺序为空调循环水泵、地埋管侧循环水泵、地热泵机，冬季停机顺序相反。

第二，系统设置冬夏季转换阀，应在换季时进行切换。进行季节转换时，应将热泵机房的热泵机组和各系统水泵停机后，首先关闭全部切换阀，再打开需要开启的阀门。重新开机前，还应对热泵机组的两侧的供回水温度和两侧循环泵的控制压力值、转数进行重新设定。

第三，各地埋管环路均监测供回水温度、压力，并对温度做逐时记录。

第四，应设置土壤温度测试井，测试井位置选取及测点布置由相关的专业单位完成，土壤温度测试采用自成套系统监视，将集成的土壤温度值通过远传设施反馈至建筑设备监控系统进行监测。

第五，地源热泵系统的其他控制（例如，冷冻水、地源热泵机组侧等）内容与上述内容相近，不再赘述。

（四）水蓄冷系统的节能措施

1. 水蓄冷系统利用电力部门的峰谷电

达到削峰填谷、降低能耗、节省运行费用目标。系统运行思路是夜间利用谷电启用冷机将冷量存储在蓄冷罐中；白天将存储在蓄冷罐中的冷量释放出来供用户使用，能耗高峰期启动冷机弥补蓄冷罐产冷量的不足。

2. 建立计算机数学模型

综合分析室外温度、天气预报、天气走势、历史记录、负荷需求的管理要求，自动推荐系统运行方式。在满足末端负荷要求的前提下，充分发挥水蓄冷系统优势，选择最佳的系统运行模式，以节约运行费用。

3. 对蓄水罐内部温度梯度进行监视

在垂直方向每隔 500mm 设置 1 个温度传感器。蓄冷时：采用同步蓄冷，打开蓄水罐管路的阀门，当蓄水罐顶部的水温达到4℃时，蓄水罐蓄冷完毕，可关闭蓄水罐管路的阀门。放冷时：采用同步放冷，先打开蓄水罐管路的阀门，当蓄水罐底部第一点水温大于12℃，蓄水罐的冷量释放完毕，可关闭蓄水罐管路的阀门，蓄水罐的冷量释放完毕。

4. 水蓄冷空调系统按照工艺流程可分为五种运行工况

主机单独蓄冷、蓄冷罐单独放冷、主机单独放冷、蓄冷罐+主机联合供冷、主机蓄冷+供冷。不同工况下自控系统对设备及阀门按预定状态进行开关、启停控制。

（五）冰蓄冷系统的节能措施

第一，冰蓄冷空调系统是充分利用夜间进行制冷并蓄冷，而在需冷量高峰时（白天）利用这部分蓄冷量，这样既可以减少白天对电力负荷峰值的影响，又充分利用了夜间廉价电力，起到了削峰填谷的用电目标。

第二，根据当地气象条件以及当地的电价政策，预先编制冰蓄冷系统不同负荷段的运行策略，自控系统根据冷冻水供回水温度和回水流量，计算出实际负荷，然后按照编制好的运行策略，自动切换不同的运行模式。

第三，采用优化控制软件，根据气象条件预测全天逐时空调负荷，并经校正，优化双工况主机与蓄冰装置间的负荷分配，设定全天各时段系统运行模式及开机台数。

第四，蓄冷系统常用的运行工况：双工况主机蓄冰、主机单独供冷、蓄冷装置单独供冷、主机与蓄冷装置联合供冷等。通过对电动阀（二通阀或三通阀）和水泵的自动控制来实现工况的自动转换。

（六）热交换系统的节能控制

第一，根据二次侧出水温度值与设定值之差，通过电动阀自动调节一次侧热媒的流量。

第二，根据二次侧供回水压差控制压差旁通阀，维持压差在设定的范围内（末端应是二通阀调节）。

第三，根据二次侧供回水温差和流量，确定热水泵运行台数。

第四，根据二次侧供回水压差控制热水泵的转速，保持压差在设定的范围内（供回水总管不设旁通电动阀）。

第五，多台热交换器及热水泵并联设置时，在每台热交换器的二次侧进水处设置电动蝶阀，根据二次侧供回水温差和流量，调节热交换器的台数。

第六，根据二次侧供回水温差和流量，自动监测建筑物实际消耗热量。优化设备运行台数和运行顺序的控制。并可作为计量和经济核算的依据。

第七，热水泵停止运行，一次侧电动阀关闭，二次侧电动蝶阀亦关闭。

第八，当采用市政热源时，一次侧可采用电动二通阀调节流量。当单独设置锅炉提供热源时，必须采用电动三通阀进行流量调节。

（七）采暖通风及空气调节系统的节能控制

第一，对建筑物进行预热或预冷时，新风系统应能自动关闭。当采用室外空气进行预冷时，应尽量采用新风系统。

第二，在中央管理工作站，根据昼夜室外参数、事先排定的工作及节假日作息时间表等条件，自动/手工修改最小新风比、送风参数和室内参数设定值等。

第三，过滤网两端压差超过设定值时报警，提示清洗或更换，减少风机能耗，并应有强制停机的功能。

第四，当新风系统或空调机组采用转轮热回收装置时，可根据空调工况和室内外的焓差控制转轮的启停，转轮与风机联动控制。

第五，空调机组和新风机组是冷热源的主要负载，对于机组的自动控制目的是在保证被控区域的舒适性的基础尽可能节能。舒适性包括温度、湿度、新风信、风速（压力）及气流组织和温度场分布等，常规控制主要是温度和新风域的控制，要求相对高的系统则包含湿度和风压的控制。

第六，新风机组的节能控制，根据送风温度与设定值之差，自动调节电动阀的开度。根据送风湿度与设定值之差，自动调节加湿阀（在冬季）。风机启停与新风风门、电动阀等的开闭联动。

（八）空调机组的节能控制

第一，根据回风（或室内）温度与设定值之差，根据回风（或室内）湿度与设定值之差，自动调节加湿阀（在冬季）。

第二，风机启停与风门、电动阀等的开闭联动。有回风系统中，新风阀和回风阀联锁控制。

第三，新风量的控制，根据室内外温湿度计算焓值，根据焓值计算混风比，要求较高区域设置空气品质传感器，根据空气品质计算新风量，再与最小新风量比较，取最大值控制新风、回风阀的开度比例，在保证最小新风量的基础上尽量在室外温度低于室内温度时，应充分利用室外的低温调节室内温度。焓差控制器由控制器比较室外温度及回风温度高低而将各风阀关大、关小或全开、全关。风量控制，可采用自动和手动双重方式，由温（湿）度的检测，经过风阀和变频双重调节，达到室内设定的温湿度。采用变风量系统时，风机应优先采用变速控制方式，并对系统最小风量进行控制。风机变速控制的方法有：

1. 总风量控制法

根据所有变风量末端装置实时风量之和，控制风机转速，调节送风量，此方法较容易实现。

2. 变静压控制法

尽可能使送风管道静压值处于最小状态，调节风量和温度。此方法对技术和软件要求较高，是最节能的方法，只有经过充分的论证和有技术保障时，方可采用。将 VAVBOX 所提供的需求风量进行求和，计算出总的系统需求风量，对送风量进行前馈控制，同时，将 VAVABOX 所提供的风阀开度及冷热需求状态，对送风量进行反馈控制。当变风段末端装置的风阀全部处于中间状态时，表明系统静压过高，需要调节并降低风机转速。

当系统中有一台变风量末端装置的风阀处于全开状态，且没有进一步冷热需求时，表明系统静压合适，风机转速按最小静压运行。

当系统中有一台变风量末端装置的风阀处于全开状态，且有进一步冷热需求时，表明系统静压偏低，需要调节并提高风机转速。

3. 定静压控制法

根据送风静压值控制风机转速。控制简单、运行稳定，节能效果不如前两种方法。工程中经常采用。根据变风量末端布置情况，选择一个或多个典型静压测量点进行测量，通过信号选择器输出系统的最低静压点。根据系统最低静压点与其设定值比较，通过 PID 运算、输出。

4. 风机盘管的节能控制

①手动控制风机三速开关和风机启停。
②手动控制风机三速开关和风机启停，电动水阀由室内温控器自动控制。
③风机启停与电动水阀连锁。
④冬夏均运行的风机盘管，其温控器应设季节转换方式。温控器设置手动转换开关。对于二管制系统，通过在风机盘管供回水管上设置箍型温度开关，实现季节自动转换

功能。

⑤通过灯光智能控制装置或客房智能控制器等不同控制方式，实现对风机盘管的三速开关及电动水阀的集中控制，满足房间温度的自动调整和不同温度模式的设定。

⑥房间温控器应设于室内有代表性的位置，不应靠近热源、灯光及外墙，不宜将温控器设置在床头柜等封闭空间中或集中放置。采用专用的风机盘管控制器，自动进行三速开关和风机启停控制，并控制电动水阀的自动启闭。

5. 变风量末端装置的节能控制

第一，变风量末端控制分为压力有关型和压力无关型。

第二，压力有关型末端设备不提供压差传感器，根据室内温度和温度设定值比较，确定风门开度，制冷模式下，当室内热负荷较低时，风门关闭，室内温度较高时，风门开大。

第三，压力有关型变风量末端设备无法保证实际送风量与热负荷之间的控制关系。

第四，压力无关型变风量末端设备增加一个压差传感器，变风量末端控制器根据压差和风管面积计算实际送风量，与送风量设定值比较，通过风门调节送风量。

第五，室内温度传感器起修订送风量设定值的作用，根据不同室内温度重新调节风量的设定点。

采用模糊控制理论与变频技术相结合，将空调系统的定流量系统改变为变流量控制系统。系统对冷站的空调设备进行统一监控，构成独立的节能控制系统，控制核心是由变流量控制器实现的。

（1）冷冻水控制子系统

变流量控制器设定冷冻水供回水温度为某一特定值，冷水机组控制冷冻水供水温度为该相应值，变流量控制器根据回水温度控制冷冻水泵的转速，调整冷冻水流量。

（2）冷却水控制子系统

变流量控制器设定冷冻水供回水温度为某一特定值，即供回水温差为特定值，变流量控制器根据供回水温度和温差，控制冷冻水泵的转速，调整冷却水流量。

（3）冷却塔风机控制子系统

变流量控制器将冷却水进水温度设定在某一特定值上，变流量控制器根据进水温度变化，控制冷却塔风机的转速，使冷却水的进水温度保持在设定值上。

（4）对冷站设备进行集中监视和控制

对各种运行过程信息进行采集、记录、统计，实现系统的信息集成。

（5）具有对系统参数进行优化设置

监测系统的运行状态，统一各子系统的控制，提供系统运行管理功能，并预留与建筑设备监控系统网络连接的通信接口。

（6）建立系统与冷水机

控制器之间的通信，实现对冷水机组内部参数的全面监视。

五、空调系统的计量

（一）计量系统类型

空调系统可根据工程实际需要进行分区域（层）计量和分户计量。空调系统的计量系统主要有两种类型，即能量型计量系统和时间型计量系统。

能量型计量系统适用于中央空调的分区域（层）计量和分户计量，时间型计量系统适用于中央空调的单个风机盘管末端能耗计量（即分户计量）。

（二）能量型分户计量系统

1. 能量型分户计量系统的组成

本系统由能量积分仪、流量计、温度传感器、通讯器（又称数据转发器）、空调计费仪、中央工作站、打印机等设备组成。

2. 能量型分户计量系统的特点

（1）可在不同的时段采用不同的单价

这样为不同时段使用或实行分时段电价的用户提供方便的服务。

（2）维护费用高、使用寿命短

由于流量计容易堵塞、结垢，所以通常需要进行定期或不定期的系统维护，在保证精度的情况下，其使用寿命相对较短。为了保证流量计测量的准确性，规定在使用中每3~6年必须进行一次校验。当发生堵塞时、流量计或温度传感器发生故障时，须停机、放水、试压。

（3）受户型结构及功能变化的影响大

能量型分户计量系统一旦安装完成后，就很难改变，如果房间发生变化，除非重新安装，否则很难随之变化。

（三）时间型分户计量系统

1. 时间型分户计量系统的组成

本系统由采集器、温控器、通信器（又称数据转发器）、中央工作站、打印机等设备组成。

2. 时间型分户计量方式的特点

①测量误差小。

②时间型分户计量系统不与水系统发生关系。由于为全电子系统，所有连接均为电气连接，故不和空调水系统发生联系，安装、调试和维护都十分方便，不会影响到空调机组的运行和其他用户的正常使用。

③使用寿命长。时间型分户计量系统是一套电子化产品，外界干扰影响小，通常整个系统与电子产品的寿命是一致的，在保证精度的情况下能轻易达到 10 年至 20 年。

④不受户型结构及功能变化的影响。由于时间型分户计量系统是直接计量到每个风机盘管的末端，因此不管房间结构及用户如何改变，都不用改变整个计费系统，只需改变中央工作站上的用户设定即可。

⑤具有控制功能，可对恶意欠费用户实施停机，禁止其使用空调（风机盘管）。

⑥可在不同的时段采用不同的单价，这样为不同时段使用或实行分时段电价的用户提供方便的服务。

⑦系统设备成本低。

六、电梯和自动扶梯的节能措施

第一，当不同区域的电梯采用 BAS 进行群控时，通过对每台电梯运行时段和运行累积时间等的综合分析，确定电梯的分组、分时段的运行控制方式。

第二，一般电梯群控系统是由电梯厂家提供的独立的电梯监控系统，电梯的各种运行状态及参数由独立的监控系统提供。

第三，建筑设备监控系统可以通过网关与独立的电梯群控系统进行通信，实现建筑设备监控系统对电梯各种状态的监视。

第四，在非人流密集时间段，自动扶梯增设红外感应装置控制其运行。

七、风机、水泵的节能控制

风机、水泵等通用机械拖动设备为主要终端耗能设备，采用合理选型，采用合理的调节方式及采用高效率设备等措施实现节能。

（一）合理选择风机、水泵机组

第一，风机、水泵设计选型应合理，使得风机水泵的额定流量和压力尽量接近工艺要求的流量和压力，使设备运行工况经常保持在高效区。

第二，合理选择水泵额定功率，轴流泵低于60%的，应予以更换或改造。

（二）合理选择风机水泵的系统调节方式

第一，水泵、风机系统调节方式，取决于：工作流量变化规律；管路性能曲线的静扬程所占静扬程的比例；泵或风机容量大小；调节装置价格高低、可靠性、调样效率及功率因素特性等。全面衡量后选用最合适的调节方式，必要时进行全面的经济技术分析比较。

第二，对于压力或流量变化幅度较大，年运行总时数较长的系统。

第三，调节电动机转速，实现变速变流量调节。变速变流量调节原理：根据风机、水泵的压力-流量特性曲线，按照工艺要求的流量，实现变速变流量控制，为节电节能的有效方法。

风机、水泵具有以下特性：

$$\frac{Q_2}{Q_1} = \frac{N_2}{N_1}, \ \frac{H_2}{H_1} = \left(\frac{N_2}{N_1}\right)^2, \ \frac{P_2}{P_1} = \left(\frac{N_2}{N_1}\right)^3 \qquad （式7-15）$$

式中，Q_1、Q_2——流量，m^3/s。

N_1、N_2——转速，r/min。

P_1、P_2——功率，kW。

H_1、H_2——扬程，m。

即流量与转速成比例，而功率与流量的3次方成比例。由于风机、水泵一般用不调速的笼形电动机传动，当流量需要改变时，用改变风门或阀门的开度进行控制，效率较低。若采用转速控制，当流量较小时，所需功率近似按流量的3次方大幅度下降。风机、水泵的调速方法。对于小容量的笼形电动机，当流量只需几级调节时，可选用变极调速电动机。对于要求连续无级变流量控制，当为笼形电动机时，可采用变频调速或液力耦合器调速；当为绕线形电动机时，可采用晶闸管串级调速。变极调速、变频调速以及串级调速，均属于高效率控制调速方式。

第八章 我国绿色建筑与可再生能源的协调发展

第一节 绿色环保建材的发展

发展绿色建筑是坚持可持续发展观的主动响应，是实现可再生能源协同发展的必然要求。本章主要阐述绿色环保建材的发展、城市供热多元化发展、可再生资源的发展前景以及我国绿色建筑发展的战略。

一、绿色环保建材的发展历程

（一）绿色环保建材的提出

人口膨胀、资源短缺、环境恶化是当今社会可持续发展面临的三大问题。

人类在创造社会文明的同时，也在不断破坏自身赖以生存的环境空间。自然资源的耗竭和贫化已成为阻碍世界经济稳定高速发展的主要因素之一。世界各国正在为此寻求各种有效的解决途径。国际材料界在材料的研究、制备和使用等方面已做了大量的工作。

绿色材料是指在原料采取、产品制造、使用或者再循环以及废料处理等环节中对地球环境负荷最小和有利于人类健康的材料。我国在生态环境材料研究战略研讨会上提出生态环境材料的基本定义为：具有满意的使用性能和优良的环境协调性，或能够改善环境的材料。所谓环境协调性是指所用的资源和能源的消耗量最少，生产与使用过程对生态环境的影响最小，再生循环率最高。

环境材料的概念。环境材料应具有三大特点：

1. 先进性

即能为人类开拓更广阔的活动范围和环境。

2. 环境协调性

即使人类的活动范围同外部环境尽可能协调。

3. 舒适性

即使活动范围中的人类生活环境更加繁荣、舒适。

传统材料主要追求的是材料优异的使用性能，而环境材料除追求材料优异的使用性能外，强调从材料的制造、使用、废弃直到再生的整个生命周期中必须具备与生态环境的协调共存性以及舒适性。环境材料是具有系统功能的一大类新型材料的总称。

绿色建材发展与应用研讨会中提出了绿色建材的定义：绿色建材是采用清洁生产技术，不用或少用天然资源和能源，大量使用农业或城市固态废弃物生产的无毒害、无污染、无放射性，达到使用周期后，可回收利用，有利于环境保护和人体健康的建筑材料。

（二）我国绿色环保建材的发展现状

在国家政策的引导下，我国建材工业的科研院所、行业协会、生产企业等相关部门在绿色建材的研究、评价、环境标志认证等方面开展了大量的工作，丰富了绿色建材的发展实践，推动了我国绿色建材进程的不断深化。

我国逐步加大对绿色建材的研究投入，在绿色建材产品的研究开发方面取得了一系列成果。我国绿色建材的研究开发重点是开发节能、节材、环保及具有特殊功能的绿色建材，借鉴发达国家由"被动的末端治理"向"环境协调化"方向发展的绿色材料发展思路，着力研究先进的绿色生产技术，大力研发具备环境协调性的新型建筑材料，如废弃混凝土的回收利用、高性能长寿命建筑材料、生态水泥、抑制温暖化建材生产技术、绿化混凝土、有良好的保温隔热性能并能防止光污染的低辐射玻璃等。

此外，随着高新技术的发展，有利于人体健康的多功能绿色建材的研究开发也获得了深入的发展，如能增加空气负离子的"负离子釉面砖"，具有抗菌、除霉、除臭、灭菌功能的陶瓷玻璃产品，不散发有机挥发物的水性涂料，无毒高效黏结剂，以及可调湿、防火、远红外无机内墙涂料等。各种具有节能环保效果的新技术、新工艺和新产品不断问世，提高城镇人居环境改善与保障的功能型环保材料，如环保型涂料、降噪材料等。

积极推进新型城镇化，大力发展绿色建筑，降低建筑能耗等国家战略都为绿色建材行业的发展带来了巨大契机，同时也给绿色建材行业提出了更高层次的发展目标和要求，可谓机遇与挑战并存。发展以"节能、节材、节水、有地和环保"为特征的绿色建筑，必然需要以"节能、减排、安全、舒适和可循环"为特征的绿色建材提供可靠支撑。绿色建材全寿命周期的绿色化是未来行业发展的必然趋势。这就需要相关绿色建材企业要建立产学研相结合的技术创新体制，使自身的绿色建材技术工艺不断取得新突破，以实现绿色建材产业的可持续发展。

二、绿色建筑材料的选用原则

（一）资源消耗

1. 目的

降低建筑材料生产过程中的资源消耗，保护生态环境。

2. 要求

评价所用建筑材料生产过程中资源的消耗量，鼓励选择节约资源的建筑体系和建筑材料。

3. 指标

计算单体建筑单位建筑面积所用建筑材料生产过程中消耗的资源。绿色建筑对材料资源方面的要求可归纳如下：

第一，尽可能地少用材料。

第二，使用耐久性好的建筑材料。

第三，尽量减少使用不可再生资源生产的建筑材料。

第四，使用可再生利用、可降解的建筑材料。

第五，使用利用各种废弃物生产的建筑材料。

绿色建筑强调减少对各种资源尤其是不可再生资源的消耗。对于建筑材料来讲，减少水资源的消耗表现在使用节水型建材产品，如使用新型节水型坐便器可以大幅减少城市生活用水；使用透水型陶瓷或混凝土砖可以使雨水渗入地层，保持水体循环，减少热岛效应。应发展新型墙体材料和高性能水泥、高性能混凝土等既具有优良性能又大幅度节约资源的建筑材料；发展轻集料及轻料混凝土，减少自重，节省原材料。

在评价建筑的资源消耗时必须考虑建筑材料的可再生性。建筑材料的可仰生性指材料受到损坏经过加工处理后可作为原料循环再利用的性能。可再生材料一是可进行无害化的解体，二是解体材料再利用，如生活和建筑废弃物的利用，通过物理或化学的方法解体，做成其他建筑产品。具备可再生性的建筑材料包括钢筋、型钢、建筑玻璃、铝合金型材、木材等。钢铁（包括钢筋、型钢等）、铝材（包括铝合金、轻钢大龙骨等）的回收利用性非常好。而且回收处理后仍可在建筑中利用，这也是提倡在住宅建设中大力发展轻钢结构体系的原因之一。可降解的材料，如木材甚至纸板，能很快再次进入大自然的物质循环，在现代绿色建筑中经过技术处理的纸制品已经可以作为承重构件而被采用。

（二）能源消耗

1. 目的

降低建筑材料生产过程中能源的消耗，保护生态环境。

2. 要求

评价所用建筑材料生产过程中能源的消耗量，鼓励选择节约能源的建筑体系和建筑。

3. 指标

计算单体建筑单位建筑面积所用建筑材料生产过程中消耗的能源量。

建筑材料的生产能耗在建筑能耗中所占比例很大。因此，使用生产能耗低的建筑材料无疑对降低建筑能居具有重要意义。目前，我国的主要建筑材料中钢材、铝材、玻璃、陶瓷等材料单位产量生产能耗较大。但在评价建筑材料的生产能耗时，必须考虑建筑材料的可再生性，尽可能使用生产能耗低的建筑材料。

建筑材料对建筑节能的贡献集中体现在减少建筑运行能耗，提高建筑的热环境性能方面。建筑物的外墙、屋面与窗户是降低建筑能耗的关键所在，选用节能建筑材料是实现建筑最有效和最便捷的方法，采用高效保温材料复合墙体和屋而以及密封性良好的多层窗是建筑节能的重要方面。

我国保温材料在建筑的应用是随着建筑节能要求的日趋严格而逐渐发展起来的，相对于保温材料在工业上的应用，建筑保温材料和技术还较为落后，高性能节能保温材料在建筑上的利用率很低。保温性能差的实心黏土砖仍在建筑墙体材料组成中占有绝对优势。为实现新标准节能50%的目标，根本出路是发展高效节能的外保温复合墙体。一些先进的新型保温材料和技术已在国外建筑中普遍采用，如在建筑的内外表面或外层结构的空气层中，采用高效热发射材料，可将大部分红外射线反射回去，从而对建筑物起保温隔热作用。

（三）环境影响

1. 目的

降低建筑材料生产过程中对环境的污染，保护生态环境。

2. 要求

评价所用建筑材料生产过程中对环境的影响，鼓励选择对环境影响小的建筑体系和建筑材料。

3. 指标

计算单体建筑单位建筑面积所用建筑材料生产过程中排放的二氧化碳量。

（四）本地化

1. 目的

减少建筑材料运输过程中对环境的影响，促进当地经济发展。

2. 要求

评价所用建筑材料中当地生产的建筑材料用量占总建筑材料用量的比例，鼓励使用当地生产的建筑材料，减少建筑材料在运输过程中的能源消耗和污染。

3. 指标

计算距施工现场 500km 以内生产的建筑材料用量占建筑材料总用量的比例。绿色建筑除要求材料优异的使用性能和环保性能外，还要注意材料在采集、制造、运输等全过程中能否节能和环保，因此应尽量使用地方材料。

（五）可再利用性

1. 目的

延长建筑材料和建筑部件的使用寿命，减少固体废弃物的产生，降低建筑材料生产和运输过程中资源能源的消耗与对环境的影响。

2. 要求

评价对建筑材料的可再利用量。鼓励在拆除旧建筑时，对可再利用的建筑材料和建筑部件进行分选，最大限度地加以利用。

3. 指标

计算可再利用的建筑材料用量占建筑材料总用量的比例。

建筑材料是指建筑拆除过程中能以其原来形式且无须再加工就能以同样或类似使用的建筑材料，包括木地板、木板材、木制品、混凝土预制构件、铁器、装饰灯具、砌块、砖石、钢材、保温材料等，对这些可再利用的旧建筑材料进行分类处理，用于再制作。

（六）室内环境质量

室内环境质量包括室内空气质量、室内热环境、室内光环境、室内声环境等。其包括四个方面的内涵：

第一，从污染源上开始控制，改善现有的市政基础设施，尽可能采用有益于室内环境的材料。

第二，能提供优良空气质量、热舒适、照明、声学和美学特性的室内环境，重点考虑居住人的健康和舒适度。

第三，在使用过程中，能有效地使用能源和资源，最大限度地减少建筑废料和室内废料，达到能源效率与资源效率的统一。

第四，既考虑室内居住者本身所担负的环境责任，同时亦考虑经济发展的可承受性。

室内空气中甲醛、苯等挥发物是危害人体健康的主要污染物。现在开发了很多有利于室内环境的材料，包括无污染、无害的建筑材料，有利于人体健康的材料，净化空气材料，微循环材料等；已开发出无毒、耐候性强、使用寿命长的内外墙涂料，耐候性达到10年左右。

利用光催化半导体技术产生负氧离子，开发出具有防霉、杀菌等空气净化功能材料；具有红外辐射保健功能的内墙涂料；利用稀土离子和分子的激活催化手段，开发出具有森林功能效应。这些新材料的研究开发为建造良好室内空气质量提供了基本的材料保证。

提高建筑材料的环保质量，从污染源上减少对室内环境质量的危害，是解决室内空气质量、保证人体健康等问题的最根本措施。使用高绿色度的具有改善居室生态环境和保健功能的建筑材料，从源头上对污染源进行有效控制具有非常重要的意义。

国外绿色建筑选材的新趋向：返璞归真，贴近自然，尽量利用自然材料和健康无害化材料，尽量利用废弃物生产的材料，从源头上防止和减少污染，尽量展露材料本身，少用油漆涂料等覆盖层或大量的装饰。

三、发展绿色环保建材的意义

（一）改善生存大环境

现代社会，人们越来越关注人类生存的大环境，并寻求良好的生态环境，希望保护好大自然，使自己和后代能够很好地生活在共同的地球上。绿色建材的发展，将有助于改善生存大环境。

（二）保障居住小环境

我国传统的居住建筑是由木料、泥土、石块、石灰、黄沙、稻草、高粱秆等自然材料和黏土加工物组成的，它们能与大自然较好地协调，而且对人体健康是无害的。现代建筑采用大量现代建筑材料，其中有许多是对人体健康有害的。因此，有必要发展对人体健康无害以及符合卫生标准的绿色建材。

（三）提高公共场所的安全性

发展绿色环保建材能改善公共场所、公共设施对公众的健康安全影响，提高公共场所的安全性。车站、码头、机场、学校、幼儿园、商店、办公楼、会议厅、饭店等场所是大量人群聚集、流动的场所。这些建筑物中如果有损害公众健康安全的建筑材料，将会对人体造成损害。

四、我国绿色环保建材的发展方向

环境问题已成为人类发展必须面对的严峻课题，人类不断开采地球上的资源，地球上的资源必然越来越少。人类在积极地寻找新资源的同时，目前最紧迫的应是考虑合理配置地球上的现有资源和再生循环利用问题，走既能满足当代社会发展需求又不致危害未来社会发展的道路，做到社会发展与环境保护的统一，眼前利益与长远利益的结合。绿色建材旨在建设资源节约型、环境友好型的建筑材料工业，以最低的资源、能源和环境代价，用现代科技加速建材工业结构的优化、升级，实现传统建材向绿色建材产业的转变。

（一）资源节约型绿色建材

我国人口众多，土地资源十分紧张，而建材又是消耗很多土地资源的行业之一。在建材的生产和使用过程中，排放出大量的工业废渣、尾矿以及垃圾，这不仅浪费了大量的资源，而且造成严重的环境污染，对人类的生存产生了严重的威胁。建筑材料的制造离不开矿产资源的消耗，地区的过度开采，也使局部环境及生物多样性遭到破坏。

资源节约型绿色建材，一方面，可以通过节省资源，尽量减少对现有能源、资源的使用来实现。另一方面，也可通过采用原材料替代的方法来实现，原材料替代主要是指建筑材料的生产原料充分使用各种工业废渣、工业固体废弃物、城市生活垃圾等代替原材料，通过技术措施使所得产品仍具有理想的使用功能，如在水泥、混凝土中掺入粉煤灰、尾矿渣，利用煤渣、煤矿石和粉煤灰为原料生产绿色墙体材料等，这样不仅减少了环境污染，而且化废为宝，节约土地资源。

（二）能源节约型绿色建材

节能型绿色建材不仅仅要优化材料本身的制造工艺，降低产品生产过程中的能耗，而且应保证在使用过程中有助于降低建筑物的能度。降低使用能耗包括降低运输能耗，即尽量使用当地的绿色建材，还要采用低耗能材料，如采用保温隔热型墙材或节能玻璃等。

建筑是消耗能源的大户，与建筑相关的能耗约占全球能耗的50%。建筑能耗与建筑材料的性能有着十分密切的关系，因此，要解决建筑的高能耗问题，开展绿色建材的研究和推广是十分有效的措施。

第一，要研究开发高效低能耗的生产工艺技术，如在水泥生产中采用新法烧成、超细粉磨、低温烧成、高效保温技术等降低环境负荷的新技术，大幅度提高劳动生产率，节约能源。

第二，要研究和推广使用低能耗的新型建材，如混凝土空心砖、加气混凝土、石膏建筑制品、玻璃纤维增强水泥等。

第三，发展新型隔热保温材料及其制品，如矿棉、玻璃棉、膨胀珍珠岩等。

第四，可以根据我国资源实际。利用农业废弃物生产有机、无机人造板，还可用棉秆、麻秆、蔗渣、芦苇、稻草、稻壳、麦秸等做增强材料，用有机合成树脂作为胶黏剂生产隔墙板，也可用某些植物纤维做增强材料，用无机胶黏剂生产隔墙板。这些隔墙板的特点是原材料广泛、生产能耗低、密度小、导热系数低、保温性能好。用这些建材建造房屋，一方面，充分利用资源，消除废弃物对环境造成的污染，实现环境友好；另一方面，这些材料具有较好的保温隔热性能，可以降低房屋使用时的能耗，实现生态循环和可持续发展。

（三）环境友好型绿色建材

环境友好型绿色建材是指生产过程中不使用有毒有害的原料，生产过程中无"二废"排放或废弃物，可以被其他产业消化，使用时对人体和环境无毒无害，在材料寿命周期结束后可以被重复使用。

人们采用各种生产方式从环境中获得资源和能源，并把它们转变成可供建筑使用的材料，同时也向环境排放出大的废气、废渣和废水等，对环境造成了严重的危害。传统的建材生产，物质的转变往往是单方向的，生产出的产品供建筑使用，排放的废弃物并未采取措施处理，直接污染环境。而绿色建材则采用清洁新技术、新工艺进行生产，在生产和使用的同时必须考虑与环境友好，这不仅要充分考虑到在生产过程污染少，对环境无危害，而且要考虑到建材本身的再生和循环使用，使建材在整个生产和使用周期内，对环境的污染减小到最低，对人体无害。

建筑材料多功能化是当今绿色建材发展的另一主要方向。绿色建材在使用过程中具有净化、治理、修复环境的功能，在其使用过程中不形成一次污染，本身易于回收和再生。这些产品具有抗菌、防菌、除湿、隔热、阻燃、防火、调温、调湿、消磁、防射线和抗静电等性能。

使用这些产品可以使建筑物具有净化和治理环境的功能，或者对人类具有保健作用，如以某些重金属离子如硅酸盐等无机盐为载体的抗菌剂，添加到陶瓷釉料中，既能保持原来的陶瓷制品功能。同时又增加了杀菌、抗菌和除臭等功能。这种陶瓷建材对常见的大肠杆菌、绿脓杆菌、金黄色葡萄球菌和黑曲霉菌等具有很强的灭菌功能，灭菌率可达99%以上。这样的建材可以用于食堂、酒店、医院等建筑的内装修，达到净化环境，防治疾病的发生和传播作用，也可在内墙涂料中加入各种功能性材料，增加建筑物内墙的功能性。再如，加入远红外材料及其氧化物和半导体材料等混合制成的内墙涂料，在常温下能发射出 $8\sim18\mu m$ 波长的远红外线，可促进人体微循环，加快人体的新陈代谢。

总之，绿色建材能推进能源和资源的高效合理利用，实现废弃物资源化，为发展资源节约型和环境友好型现代建材奠定了基础。为了实现我国经济和社会的可持续发展，建筑材料必须寻求新的、健康的发展道路，从产品设计、原材料替代和工艺改造入手。提高技术水平，提高资源和能源的综合利用率。开发使用"节能、节地、节材、节水、环保"的绿色建材将是建材业今后发展的方向。

五、绿色环保建材的发展策略

（一）提高资源综合利用率

第一，合理利用矿产资源，提高综合利用率，降低环境负荷。

第二，推进矿产资源和燃料的可持续发展战略研究，减少对优质、稀少或正在枯竭的重要原材料的依赖。

第三，推广节能、节资源、环保型新型建筑材料及其生产工艺、技术与装备。

（二）推广清洁生产技术

第一，推广节能及清洁生产技术，改造传统生产工艺、减少环境污染。

第二，发展大型、新型水泥生产技术和装备制造。

第三，开展玻璃粒化配合料制备和投料前预热方法的研究。

第四，推广富氧燃烧和全氧燃烧技术。

第五，进一步发展低温快烧陶瓷技术。

第六，开发和推广各种节能、节水的新工艺和新装备。

（三）推行再生资源

第一，发展建筑材料的再生利用技术和装备。

第二，综合利用工业废料废渣、尾矿、建筑物废料及城市垃圾。

第三，研究可燃性废弃物燃料用以生产建筑材料。

（四）改善室内环境质量

第一，研究建筑材料中挥发性有机物对室内空气质量的影响及污染物的释放规律。

第二，研究建筑材料对室内声、光、电环境的影响。

第三，研究和开发改善室内环境质量的产品，如具有抗菌、释放负离子、远红外保健、调温调湿功能的材料。

（五）推广绿色建材产品

应推广以下绿色建材产品：

第一，无毒害、无污染的建筑涂料和黏结剂等。

第二，具有显著节能效果的墙体保温材料，如新型保温隔热、含蓄热功能的墙体材料。

第三，低辐射玻璃以及高效节能门窗玻璃。

第四，节水型卫生瓷和配套五金件。

第五，薄型陶瓷墙地砖。

第六，低辐射型建筑卫生陶瓷。可利用太阳能的光－电－热转化功能的玻璃窗、屋面和墙体组合建筑材料。

第七，防紫外辐射的建筑材料，推广绿色建材在绿色建筑上的应用技术及配套施工技术，通过技术的研发和推广，提高我国绿色建材的整体技术水平。

第二节　城市供热多元化发展

一、供热模式范围界定

我国用于供热的一次能源主要包括煤炭、天然气及地热等，二次能源主要有石油产品和电力。热源是城市供热的核心，热用户是供热的对象。根据热源和热用户的不同类型将供热形式分为城市集中供热和分散供热（含小区分散锅炉房供热、楼栋或单元式集中供热、分户供热）两大类。

（一）集中供热模式

集中供热顾名思义就是由集中热源提供的热量，通过管道系统向各幢建筑或住宅各户供给热量的供热形式，减少了人口稠密地区的污染，提高了室内的舒适程度。

集中供热的热源主要有燃煤热电联产、大型锅炉房（分为燃煤、燃气、燃油型）、燃气－蒸汽联合循环等。集中供热已成为城市的一项重要基础设施，在节约能源、改善环境、促进生产、方便群众等方面起到重要作用。

集中供热是一个或多个热源通过热网向城市、镇或其中某些区域热用户供热。发展到今天，典型的城市集中供热系统是热电联产。热电厂作为基本负荷的热源与调峰锅炉联网运行的模式，十分利于节约能源和集中治理环境，逐步实现集中管理和集中调度，其能源利用率高的优势正在得到充分发挥。

集中供热是一个综合的系统工程，系统中包含着许多单元（环节或工序）。发展城市集中供热，应该根据节能、保护环境和经济合理的要求，并根据当地的具体条件，慎重选择集中供热的方式。

（二）分散供热模式

分散供热的热源主要有小区集中锅炉房（分为燃煤、燃气、燃油型）、小型天然气采暖（包括分户燃气壁挂炉、燃气直燃机）、电采暖（包括分散式直接用电采暖、电热锅炉、电动热泵）、地热等。分散供热有很多优点：

第一，分散供热模式的建设费用低。以独立户形式实现的分散供热则只需在户内厨房安装一套壁挂式小型家用天然气锅炉，这种壁挂式小型家庭专用天然气锅炉除能完成家庭采暖外，还能同时供应生活用热水。

第二，分散供热运行费用低。以独立户形式实现分散供热所使用的壁挂式小型家用天然气锅炉是一种高智能化的设备，全部运行过程无须专人管理。

第三，分散供热模式运行调行方便，供暖舒适性提高。以独立户形式实现的分散供热，住户完全可以根据家庭的实际情况，通过简单操作，给小锅炉以适当命令，达到用户自己习惯的、舒适的室内供暖温度和供暖时间。

第四，分散供热暖气费的缴纳。以独立户形式实现的分散供热，不需要另外安装暖气表来确定暖气的使用情况，住户根据使用的天然气量按计量表示读数缴纳费用，缴费合情、合理、合法，便于地板采暖的推广和实现。

二、我国城市供热的方式

（一）热电联产供热模式

热电联产是指发电厂既生产电能，又利用汽轮发电机做过功的蒸汽对用户供热的方式，即同时生产电、热能的工艺过程，较之分别生产电、热能方式节约燃料，经济性较好，是我国北方地区最基础、利用最广泛的供热方式。

1. 热电联产供热的优点

成本低，投资少，建设周期短，供热量能灵活地适应热负荷需要。

2. 热电联产供热的缺点

由于热电厂多位于城区外围，向城区输配热量修建供热管线施工困难，投资大；部分项目远距离输配热量。中途须设置中继泵站才能满足输配要求，增加运行费用；长距离输送中途热损失较大；热电厂机组供热能力强，基本无备用机组，一旦设备出现故障，受影响供热面积巨大，容易引发社会问题。

（二）锅炉供热模式

锅炉供热模式是指以锅炉房作为热源在某个特定区域内进行集中供热。按能源种类分为燃煤锅炉、燃气锅炉、电锅炉、生物质锅炉、燃油锅炉等。

1. 锅炉供热的优点

可根据热负荷状况量身设置，供热范围可大可小；建设周期短，供热设施建设造价低、工期短，易于与城市建设同步进行，能够做到同时规划、同时设计、同时施工、同时使用，有利于加快实现城市集中供热。

2. 锅炉供热的缺点

燃煤锅炉建设环保要求高，自身发展受政策影响较大。其他能源锅炉制热能源成本较高，经济性较差。

（三）电热供热模式

电热供热模式是采用电炉或电暖器等设备，将电能直接转化为热能来进行采暖的方式，多用于电力供应较为宽裕、热负荷相对较小的场合，如壁挂式采暖炉，通常以一户一个供暖和供生活热水的系统为主。

电采暖的供热方式有直接用电采暖、蓄热电热锅炉以及电动热泵等形式。尽管电采暖不直接耗用煤、天然气和水等一次能源，而且其供热过程也不直接造成环境污染，但从节能角度看，直接用电采暖不合理，因为产一度电要耗能 3 000kcal（千卡，$1kcal = 4185.85J$），而只有 860kcal（$1kW \cdot h$）转化为热能，能源利用率不到30%。

1. 电热供热的优点

电能是一种清洁能源，用电采暖有显著的环境效益，同时还具有方便、灵活和易于实现自动化等优点。在诸多能源中，电能属洁净能源，没有污染，不会造成地区环境污染，对环保最为有利。

2. 电热供热的缺点

电热供热模式的一次能源效率是最低的，运行成本也明显高于其他采暖方式。在北方地区，绝大部分电力来源于火电，一次能源煤炭变成电能的效率只有30%左右，即使电锅炉的效率达到95%以上，电热供热的一次能源效率也只有25%左右，因此，用电供热的一次能源效率是极低的。

（四）热泵供热模式

热泵供热模式一般通过热泵技术，以电能、蒸汽或燃气作为驱动能源，将低品位工业余热（30℃以下）、生活污水、空气、浅层地热等低品位热能进行收集，提取热量用于城市供热。

1. 热泵供热的优点

热泵供热模式合理地利用了高品位能量，综合能源效率较高，对采暖区域无污染，环保效益好，一机两用，提高了设备利用，具有热回收功能，可以充分利用室外阳光、室内人员、电器办公设备等放出的热量，节能效益明显，有运行灵活、方便、调节简便等优点，而且热泵供热的供热指数能够达到数倍高于其他供热模式的供热指数，以达到节能的目的。当利用第二类吸收式热泵供热模式时，其供热指数可达其他模式的百倍以上，节能效益更加突出。

2. 热泵供热的缺点

初投资较大，供热品位一般较低，不适于长途输配，对用热建筑供热方式（宜采用地板辐射采暖或空调采暖）建筑围护结构等有一定要求。

根据低位热源种类区分热泵，可分为空气源热泵和水源热泵。我国用得最多的空气源热泵是热泵型房间空调器。热泵型房间空调器通过换向阀门的变换，在夏季实现制冷循环，在冬季实现制热循环。当向室内提供同样热量时，热泵型房间空调器的耗电比较低，可以一机两用，提高了设备利用率，除此之外，热泵型房间空调器还具有安装方便、自动化程度高、操作简单等优点。但是，当室外温度低于-5℃时，其供热量减少，节能效益降低。

水源热泵由室内水源热泵、闭式水循环回路辅助设备和排风系统等组成。制冷运行时，将房间的余热及机组的输入功率一起都转移到水系统中去，供热运行时，从水中提取热量这种系统具有调节方便、单独计价、布置紧凑、简捷灵活、设计方便、施工及运行管理简便等优点。

（五）高品位工业余热供热模式

高品位工业余热供热模式是指工业企业在生产过程中排放的废热，自身温度较高（一般70℃以上），经换热可直接用于城市供热，如钢厂高炉冲渣水。高品位工业余热受到政府政策支持，有利于节能减排，且制热成本低廉。出水温度不稳定，且设备定修期间无法供热，一般须配有备用热源。

（六）其他清洁能源供热模式

1. 太阳能供热模式

太阳能是清洁能源，取之不尽，用之不竭。目前太阳能热水器较普遍使用，多是安装在屋顶上利用太阳能直接照射加热利用，大部分用于生活用热，如洗澡、洗涤用热，用于采暖较少。

太阳能的利用是将太阳辐射转化为热能和电能，它不但价廉，而且具有以下优点：适应性强（无论技术高低都可利用）、覆盖面广（全球各地均可利用太阳能）、洁净度高（对环境无污染）、安全性高（在使用过程中没有泄漏、燃烧、爆炸等危险）、可用期长。

2. 核能供热模式

低温核供热是近些年发展起来的一种利用核反应堆单纯供热的供热模式，这种模式安全性好，对环境污染小，供热效率高，核供热既可满足用户对室内供暖温度的要求，同时由于降低了低压参数，反应堆安全性大大提高。正常运行时对周围环境的放射性辐射污染比燃煤热电厂还低，更不排放烟尘、二氧化碳、二氧化硫等有害物质。而且由于它的能量密度高，只占用很少的地方，对解决集中供热中燃煤、燃油带来的环境染和运输问题以及缓解煤炭紧张具有现实意义。

3. 地热能供热模式

在可再生能源中，地热能属于地球本身蕴藏的能量，地热资源储后极为丰富，是全部煤炭资源储量的 17 000 万倍，地热通过各种途径向地表散热，一年的散热量相当于 200 亿标准煤燃烧所放出的热，是目前世界能源消费的一倍。地热能的直接利用只要求热量交换，无须转变成机械功，因此利用技术和设备都相对简单，并能最低程度利用热能，地热采暖的特点是温度舒适、热源温度稳定、采暖连续。

三、城市供热发展建议

（一）多种能源协调利用

高效、综合利用各类能源以满足城市供热需求，是解决城市供热问题的唯一途径。城市供热应改变单纯依靠供热企业解决的思路，从当地的产业布局、能源的结构、建筑物的性质等多方面进行综合评价。从规划开始按照"宜气则气、宜电则电、多种能源综合利用"的精神，明确各个区域、各类建筑的供热形式、用能类别，然后根据用能类别、能源使用数量。热力、燃气、电力等部门提前谋划、建设相关基础设施，满足区域供热用能需求；开发企业根据供热用能类别、能源参数进行采暖系统设计，保证达到预期的供热效果。

（二）提高供热管理水平

随着供热技术的发展，越来越多的供热企业通过自主研发或委托专业公司，对自身供热设施，特别是控制系统进行技术改造，提高供热系统的自动化控制水平，提高能源使用效率。但也有部分供热企业供热方式仍较为粗放，靠经验供热的现象依然存在，由于缺乏供热数据有效采集和精准的控制手段，造成不同区域之间供热效果相差悬殊。为缓和供热矛盾，往往采取提高供热参数的办法，导致能源的浪费严重。

精准供热，应以科技手段为先导，推广供热系统自动调控技术，结合室温采集系统和气候补偿系统，使整个供热系统实现自动控制、自动平衡，提升供热质量，提高能源利用效率，同时还须运用市场经济手段，完善热量计费办法，提高热用户自主节能积极性，高效利用现有热源供热能力。

第三节 可再生能源的发展论述

一、我国可再生能源发展现状

可再生能源是可以永续利用的能源资源，如水能、风能、太阳能、生物质能和海洋能等。我国除了水能的可开发装机容量和年发电最均居世界首位之外，风能、太阳能和生物质能等可再生能源资源也都非常丰富，具有大规模开发的资源条件和技术潜力，可以为未来社会和经济发展提供足够的能源，开发利用可再生能源大有可为。随着越来越多的国家采取鼓励可再生能源的政策和措施，可再生能源的生产规模和使用范围正在不断扩大。

可再生能源比重的提升传递着"绿色经济"正在兴起的信息。新的温室气体减排机制将进一步促进绿色经济的全面发展。根据我国中长期能源规划，我国基本上可以依赖常规能源满足国民经济发展和人们生活水平提高的能源需要，到现在，可再生能源的战略地位将日益突出，届时需要可再生能源提供数亿吨乃至十多亿吨标准煤的能源。因此，我国发展可再生能源的战略目的是，最大限度地提高能源供给能力，改善能源结构，实现能源多样化，切实保障能源供应的安全。

二、发展可再生能源的意义

（一）实现可持续发展

随着经济社会的快速发展，大量化石能源被消耗，不仅造成化石能源日趋枯竭，同时生态环境还遭到破坏，这些越来越成为影响人类社会的重要问题，受到了世界各国的普遍关注。只有从根本上改变人类社会这种持续了几百年的能源供给模式，大规模地开发利用取之不尽、用之不竭、清洁环保的可再生能源，才能真正实现社会的可持续发展。从本质意义上说，可再生能源是人类社会发展的长久保障和不竭动力。

从 20 世纪 70 年代的石油危机开始，人类社会便开始越发受到能源紧缺问题的困扰。从世界范围来看，常规能源是非常有限的，但社会经济的发展对能源的需求在不断增加，能源供给状况日趋紧张。按照当前的静态利用水平，全世界的石油、天然气、煤炭使用年数不过百余年。按照不断增长的动态利用水平，使用年限会更少。可以说，全球公民正透支着子孙后代的生存资本和发展空间。因此，开发可再生能源已经成为人类解决能源危机的必然选择。

在 20 世纪，化石能源的开发和利用得到了空前发展，年平均能源供应增长了 10 倍，以化石燃料为主的能源利用支撑了人类的生存与发展，但在现有技术条件下，化石能源的大量使用给地球环境造成严重危害，二氧化碳、二氧化硫等温室气体及其他有害气体的大量排放使人类生存空间受到了极大的威胁。人们逐渐意识到，赖以生存的地球既不是取之不尽的能源资源库，也不是可以随便排放的垃圾场。为了全人类及子孙后代的生存，必须开发清洁环保的可再生能源。

开发利用可再生能源是落实科学发展观、建设资源节约型社会、实现可持续发展的基本要求。充足、安全、清洁的能源供应是经济发展和社会进步的基本保障。我国人口众多，能源需求的压力大，能源供应与经济发展的矛盾十分突出。为从根本上解决能源问题，不断满足经济和社会发展的需要，保护环境，实现可持续发展，用可再生能源也是重要的战略选择。

（二）保护环境

开发利用可再生能源是保护环境、应对气候变化的重要措施。目前，我国环境污染问题突出，生态系统脆弱，大量开采和使用化石能源对环境影响很大，特别是我国能源消费结构中煤炭比例偏高，二氧化碳排放量增长较快，对气候变化影响较大。可再生能源清洁环保，开发利用的过程不增加温室气体排放。开发利用可再生能源，对优化能源结构、保护环境减排温室气体、应对气候变化具有十分重要的作用。

（三）促进经济发展

开发利用可再生能源是开拓新的经济增长领域、促进经济转型、扩大就业的重要选择，可再生能源资源分布广泛，各地区都具有一定的可再生能源开发利用条件。可再生能源的开发利用主要是利用当地自然资源和人力资源。

对促进地区经济发展具有重要意义。同时，可再生能源也是高新技术和新兴产业。快速发展的可再生能源已成为一个新的经济增长点，可以有效拉动装备制造等相关产业的发展，对调整产业结构，促进经济增长方式转变，扩大就业，推进经济和社会的可持续发展意义重大。

（四）建设社会主义新农村

开发利用可再生能源是建设社会主义新农村的重要措施，农村是目前我国经济和社会发展最薄弱的地区，能源基础设施落后，许多农村生活能源仍主要依靠秸秆、薪柴等生物质资源直接燃烧的传统利用方式提供。农村地区可再生能源资源丰富，加快可再生能源开发利用，一方面可以利用当地资源。因地制宜解决偏远地区电力供应和农村居民生活用能问题。另一方面可以将农村地区的生物质资源转换为商品能源，使可再生能源成为农村特色产业，有效延长农业产业链，提高农业效益，增加农民收入，改善农村环境，促进农村地区经济和社会的可持续发展。

三、我国可再生能源的发展前景

（一）坚持可再生能源的开发与利用

我国的能源相对贫乏，再加上我国庞大的人口基数，人均能源占有量与世界平均水平相比就更低了。同时，我国是世界上少数几个以煤为主要能源的国家。目前，提高可再生能源在能源结构中的比例、推进可再生能源的产业化发展已成为我国的一项基本国策，世界能源结构必将从以煤炭、石油和天然气为主的矿物能源系统转向以可再生能源为基础的持久性的能源系统。虽然这一转化过程需要经过漫长的发展过程，但这是必然趋势。因此，降低矿物能源消费和开发利用可再生能源应成为我国能源政策中极为重要的组成部分。开发利用可再生能源是我国实施可持续发展战略的必然选择。

由人类的整个能源利用史可以看出，人类的能源利用从薪柴到煤炭，再从石油与天然气到太阳能、风能、水能、地热能等可再生能源，循着碳含量越来越低的客观规律。人类的能源革命从本质上讲就是"脱碳"，人类能源的整个利用史就是"脱碳"的历史，而能源利用正是从低效、高污染向高效、零排放演进。这个革命的制高点就是氢能的大规模利用。大力开发利用可再生能源将使得人类从延续了上万年的"碳能源"时代迈入"非碳能源"的新时代。

（二）能源转型发展方向

由于以化石能源为主的能源结构是导致环境破坏的主要因素。因此只有通过优化能源结构来推动我国能源系统的转型，才能从根本上减少各类污染物的排放。因此，我国能源转型的方向是，抓住全球能源转型的机遇，推动能源生产和消费革命，建立以可再生能源为主体，清洁、低碳和高效的新型能源系统。

1. 降低高碳化石能源利用规模

以土地、水资源和生态环境条件作为煤炭开发布局的准入门槛，严格控制煤炭乱开乱采，强化京津冀、长三角、珠三角等雾霾严重地区的煤炭消费总量控制，严控大型高耗煤工业甚至燃煤电厂项目，积极淘汰落后产能，着力提高煤炭直接发电比重，抑制煤炭终端利用，大幅降低煤炭在我国能源结构中的比重。石油消费增长主要集中在交通运输领域，随着交通物流需求的增长及家用汽车的普及，未来石油消费还将保持相当长时期的增长趋势。还没有可大规模替代石油的交通能源，因此应在满足合理需求的前提下稳步抑制石油消费，大力发展公共交通，倡导绿色出行，逐步降低石油利用比重。

2. 扩大低碳化石能源利用规模

继续加强常规天然气资源勘探开发，加快开展煤层气、页岩气等非常规天然气资源评价，加强技术研发和储备，合理规划其发展目标。抓紧制定天然气进口战略，抓住当前全球天然气买方市场的机会，液化天然气和管道天然气进口并举，积极推动天然气"走出去"。对外投资天然气气田、管网和运输船。

鼓励天然气发电，特别是在资源供应相对充足、价格承受能力较强、环境质量要求较高的东部地区发展相当规模的天然气发电项目以替代燃煤电厂。鼓励天然气分布式利用。

因地制宜发展天然气热电冷多联产项目。积极发展天然气调峰电站，以天然气发电调峰来促进可再生能源发电消纳。加强与城市、城际交通运输体系规划衔接，鼓励城市天然气乘用车、液化天然气商用发展以替代燃油车。在天然气资源较丰富的地区可积极发展天然气化工项目。

3. 积极发展各种可再生能源

可再生能源在中国具有种类全、总量大、分布广的特点，为规模化开发利用可再生能源创造了有利条件，积极发展各种可再生能源。

第一，应有序发展水电，加快水电项目开发建设进度，确保每年按一定的增长率平稳发展。

第二，应坚持以"近期陆上为主、远期拓展海上"的发展思路，高效规模开发陆上风电，逐步开发海上风电。

第三，因地制宜发展太阳能、生物质能等其他可再生能源。

4. 提高可再生能源产品竞争力

促进可再生能源产业向具有自主知识产权、注重基础研究和创新研究的方向发展，加快技术成熟、市场竞争力强的可再生能源技术应用，推进技术基本成熟、开发潜力大的新能源技术产业化。强化开展电力需求侧管理，探索动态可调节负荷管理新模式，促进终端能源需求与风电、太阳能发电等随机性电源的协调匹配。发挥可再生能源可提供多种能源产品、满足多种需求的优势，从电网、交通燃料配给网络、燃气网络以及供热网络等着手，优先考虑可再生能源的推广使用。

第四节 我国绿色建筑发展战略

一、绿色建筑促进与管理

（一）绿色建筑规划

绿色建筑规划是一项具有全局性、综合性、战略性的重要工作，是指导、调控绿色建筑建设和发展的基本手段。搞好绿色建筑规划，对发展绿色建筑、改善人居环境、保护生态环境、促进社会经济绿色低碳发展具有十分重要的意义。

1. 绿色建筑规划的组织

有关部门组织编制全国城镇绿色建筑体系规划，用于指导省域城镇绿色建筑体系规划、城市绿色建筑总体规划的编制；省、自治区人民政府城乡规划部门组织编制省域城镇绿色建筑体系规划；直辖市及其他城市人民政府组织编制所在市的城市绿色建筑总体规划；县、镇人民政府组织编制县、镇人民政府所在地的绿色建筑总体规划。

2. 绿色建筑规划的依据

编制全国城镇绿色建筑体系规划时，要综合考虑我国基本国情、经济发展水平及国家规划等大政方针，各省、自治区、直辖市、县、镇人民政府组织编制其所在地的绿色建筑规划时，要充分考虑各地经济社会发展水平、气候条件、建筑特点等，因地制宜地编制绿色建筑规划，合理确定绿色建筑的建设规模、步骤和建设标准。既要有适当的超前意识，但又不能脱离客观实际。

3. 绿色建筑规划的主体

编制绿色建筑规划需要有效、准确及翔实的信息和数据，并以其为基础进行定性与定量的预测，还应符合相关技术及标准，其专业性、技术性较强，故绿色建筑规划组织编制机关应当委托具有相应资质等级的单位来承担绿色建筑规划的具体编制工作，并要组织专家进行评审，确保规划的合理性、有效性及可行性。

规划是行动的指导，要积极编制绿色建筑规划，指导绿色建筑的建设和发展。当前正处在城镇化和新农村建设快速发展的时期，做好城镇化和新农村建设中的绿色建筑规划，必将极大地推进绿色建筑的规模化发展，推动城乡建设走上绿色、循环、低碳的科学发展轨道，促进经济社会全面、协调、可持续发展。

（二）绿色建筑发展政策

1. 财政补贴

财政补贴主要是指通过采取物价补贴、亏损补贴、财政贴息、税前还贷等方式对绿色建筑企业进行鼓励〉一般而言，补贴有三种形式：

第一，绿色投资补贴，即对投资者进行补贴。

第二，绿色产品补贴，即根据绿色产品、产量对生产者进行补贴。

第三，绿色消费补贴，即对购买绿色建筑产品的消费者进行补贴。

2. 税收政策

发展绿色建筑与绿色节能的税收政策的主要内容包括两项。一是强制性税收政策，尤其是高标准、高强度的税收政策，不仅能起到鼓励节约利用资源和防止环境污染的作用，还能促使企业采用先进技术、提高技术水平，因而是一种不可或缺的刺激措施。因此，要建立和完善环境与资源税收体系，必须在现有资源税的基础上，扩大征收范围，开征环境税、森林资源税、碳税等税种，并逐步将现行的资源环境补偿费纳入资源环境税的范畴。二是实现税负转移，完善计税方法，加大对有害于环境的活动或产品的征税力度，加强资源税的惩罚性功能。税收优惠政策，如减免关税、减免形成固定资产税、减免增值税和企业所得税等。实现绿色税收政策，应注意解决以下三个问题：

第一，税收调控目标的选择应建立在包括环境效益在内的成本效益分析基础上，实现环境经济一体化。

第二，绿色税收手段要和其他手段配合使用。

第三，不同税收措施要相互配合，如从税收调节环节来看，可在产前环节，运用税收手段引导企业使用清洁的能源、原材料等。在生产环节，实施鼓励采用生产工艺先进、节能降耗、消除污染的工艺、技术、设备；在产后环节，对企业回收利用废物实施税收鼓励措施。

3. 价格政策

价格政策主要包括两种，第一种是能源资源价格政策。能源资源价格与节能有密切的关系，价格上升，则会减少能源资源的需求，并促进节能技术的研究开发。所以，要改变现行的能源资源价格只计开发成本的做法，使能源资源价格至少包括开发成本、环境退化成本和利用成本等。第二种是节能技术、产品价格政策。例如，可再生能源产品由于其成本一般高于常规能源产品，所以要对可再生能源价格实行优惠的政策。

（三）绿色建筑发展机制

绿色建筑的发展与经济投资密切相关，与不同人群的利益相关。绿色建筑是需要成本投入的，而这正是"市场机制部分失效"的领域，只靠市场运作来解决绿色建筑问题在国外也被证明是失灵的，这需要政府的强力干预，如立法、税收、管理等来调节。但当前干预也因缺乏力度而失效。在这种情况下，再好的生态技术推广起来也是困难重重。因此，在生态建筑发展中，政府的政策导向和经济激励是必不可少的。

实现绿色建筑的发展，需要将人类社会中一切有利于生态建筑发展的观念、行为普及化和永续化，需要将绿色建筑的经济资源条件、经济体制条件和社会环境条件长期保持和不断完善，这些都有赖于法律的保障。只有通过法律手段，绿色建筑的技术规划才能转化为全体社会成员自觉或被迫遵循的规范，绿色建筑的机制和秩序才能够广泛与长期存在。

我国绿色建筑发展的基本法律基础已经奠定，但在操作层面，将这些法律所规定下的基本原则结合建筑行业与不同地区特点形成的行政与地方法规规章与标准体系尚待完善，特别是包含生态建筑评价标准在内的可操作性强的各种标准、地方实施细则是当前绿色建筑制度体系建设中的薄弱环节。

在绿色建筑的初创期，政府如何通过一系列制度建设，承担起市场机制尚未成熟的替代推动功能，促进和培育各种市场主体，最大限度地动员建材供应商、制造商、房地产开发企业、建筑公司、设计事务所和物业公司等积极推广绿色建筑，并从法律上支持和保护各主体的利益，运用有效的激励机制，切实降低经济成本，充分调动各方积极性，将绿色建筑全面铺开，是目前政府和行业管理者推行绿色建筑所面临的挑战。只有建立了完善的绿色建筑法律体系，才能既有原则上的统一指挥，又能依法办事，把绿色建筑的推广工作落到实处。而相应的财政、金融、税收等优惠政策应起到对绿色建筑的积极引导作用。只有这样，才能使各项政策相互配合，加快推进绿色建筑的发展。

（四）绿色建筑评价与监督

1. 绿色建筑评价

一套清晰的绿色建筑评估系统，对绿色建筑概念的具体化，使绿色建筑脱离空中楼阁真正走入实践，以及对人们真正理解绿色建筑的内涵，都将起到极其重要的作用。对绿色建筑进行评估，还可以在市场范围内为其提供一定规范和标准，应减少开发商与购房者之间的信息不对称性，有利于消费者识别虚假炒作的绿色建筑，鼓励与提倡优秀绿色建筑，形成价格确定机制，从而达到规范建筑市场的目的。为引导绿色建筑健康发展，规范绿色建筑评价标识工作，我国还建立了与绿色建筑相关的评价标识制度。

2. 绿色建筑监督

绿色建筑是一项系统工程，贯穿于项目前期、设计、施工、验收以及运营全过程。现阶段绿色建筑的开发、设计、施工、运营阶段划分明显，职责细化到各单位，特别是建筑设计单位与施工单位互相独立，各负其责。为确保推广绿色建筑既定规划目标的实现，达到预期效果，应当加大绿色建筑策划决策、设计、施工、验收及运营整个过程的监管，严格绿色建筑建设全过程监督，并根据监管反馈信息不断对监管过程进行调整和完善。

二、绿色建筑宣传与教育

（一）学校绿色建筑教育

学校的绿色建筑教育主要分为两大类：专业教育和非专业教育。专业教育是针对高校建筑专业的学生进行的，主要形式是采用课程设置、开展实践教学活动、支持专项研究的方式进行。例如，在建筑专业的专业必修课中设置一门绿色建筑课程，组织学生实地参观、调研绿色建筑，进行相关专题的设计，组织学生参加全国建筑院校绿色课程设计竞赛，设立绿色建筑奖学金等；学校还设立了专门的研究机构从事绿色建筑的相关研究。通过这些方式能培养既有节能、环保意识，又具有专业知识与技能的绿色建筑专业人才。

（二）绿色建筑职业培训

职业培训主要是针对建筑行业从业人员进行的绿色建筑培训。目前相关的职业培训以行业主管部门的培训为主，以充分发挥和调动各地发展绿色建筑的积极性，提高我国绿色建筑整体水平。

（三）绿色建筑专业研讨会

每年我国的相关部门都会组织一些与绿色建筑相关的专业研讨会。这些会议既有国际性的，也有全国性与地区性的，如国际绿色建筑与建筑节能大会暨新技术与产品博览会、绿色建筑国际研讨会、绿色建筑与节能国际会议、绿色建筑与城市规划会议等。

（四）绿色建筑媒体宣传

绿色建筑宣传与教育的媒体主要涉及报纸、期刊、互联网，有些电视节目也有相关内容播出。报纸、期刊、互联网等媒体上每年都有大量有关绿色建筑的专业性文章、案例及相关信息刊载，内容涉及绿色建筑的概念、设计、施工、技术、建材、管理及推广政策等方面。

尽管上述绿色建筑的宣传与教育在绿色建筑的推广中发挥了重要作用。但我国绿色建筑的宣传与教育仍然处于初级阶段，存在着参与主体少、宣传内容更新不及时、宣传对象范围窄、宣传手段单一等问题。在学校的非专业性绿色建筑的宣传教育中，参与学校的数量还不多，学校大多进行的是绿色教育，与建筑相关的内容相对涉及较少；职业培训机构以国家主管部门为主，社会力量很少参与到这个领域中；绿色建筑宣传媒体也以与建筑相关的专业的形式为主，而大众喜爱的其他宣传形式，如绿色建筑专栏或绿色建筑知识问答、知识竞赛、绿色建筑有奖征文活动以及以绿色建筑为主题的小品、电影、电视纪录片等影视作品相对匮乏。

绿色建筑的推广需要社会各方的共同努力，因而，在对绿色建筑的宣传教育中，应调动各方的积极性，共同参与绿色建筑的宣传教育，根据不同的教育对象设置不同的宣传教育目标，采用不同的方法，有侧重点地进行，从而使宣传教育更具有针对性，以达到更好的效果。

三、绿色建筑发展与推广

（一）坚持绿色建筑发展方向

绿色建筑的节能、节地、节水、节约资源与环保的特点使得绿色建筑不仅体现了科学发展观、以人为本和和谐社会的理念，也使其成为未来建筑业发展的必然趋势。对房地产企业而言，进行绿色化转型是未来面临的必然选择。虽然国内很多的房地产企业并没有付诸行动，依然建造耗能较高、环境负荷较大的建筑，但有部分具有远见、有责任的公司早已开始进行绿色建筑的实践。

（二）加大绿色建筑投入

企业绿色建筑发展战略实施的关键在于是否有先进的绿色建筑技术体系做支撑。作为新生事物的绿色建筑，在发展初期很多技术还需相关主体进行开发、实践与完善。绿色建筑方面的先行企业应投入资金、人力，并与多方进行合作，共同开发绿色建筑技术体系，应用于设计、施工实践。

（三）开发绿色建筑产品

企业在研究绿色建筑技术的同时，也将其不断地应用于建筑实践中，将绿色建筑由概念转化为建筑实体，开发出绿色化程度不同的建筑。一方面为绿色建筑的进一步发展提供有益探索；另一方面也为行业内其他企业提供了很好的示范。

（四）企业绿色形象战略

企业在绿色建筑实践中，应通过各种方法与消费者、合作伙伴及社会各界进行广泛沟通，使社会各界逐步形成绿色意识，消费绿色建筑产品，参与绿色建筑发展事业中，共同促进绿色建筑的普及与推广。

参考文献

[1] 傅俊萍. 建筑环境与能源应用工程实验教程 [M]. 长沙：中南大学出版社. 2021.

[2] 张维亚. 建筑环境与能源应用工程专业导论 [M]. 徐州：中国矿业大学出版社. 2021.

[3] 公绪金. 高等学校建筑环境与能源应用工程专业推荐教材民用建筑空气调节 [M]. 北京：中国建筑工业出版社. 2021.

[4] 岑康. 燃气工程施工 [M]. 北京：中国建筑工业出版社. 2021.

[5] 黄翔，邵双全，吴学渊. 绿色数据中心高效适用制冷技术及应用 [M]. 北京：机械工业出版社. 2021.

[6] 刘凤国，王洪林，张蕊. 民用燃气具与输配设备测试技术 [M]. 北京：中国建筑工业出版社. 2021.

[7] 李念平. 建筑环境学 [M]. 北京：机械工业出版社. 2021

[8] 崔蕾. 建筑环境与能源应用工程实验与实训指导 [M]. 北京：应急管理出版社. 2020.

[9] 岳秀萍. 土木与环境工程导论 [M]. 北京：高等教育出版社. 2020.

[10] 李联友. 建筑设备施工技术 [M]. 武汉：华中科技大学出版社. 2020.

[11] 刘军，田刚，赫海灵. 建筑环境与能源应用工程专业课程设计与毕业设计指导 [M]. 上海：上海交通大学出版社. 2019.

[12] 杨春英，董惠，贺征，等. 建筑环境与能源应用工程实验技术 [M]. 北京：科学出版社. 2019.

[13] 朱彩霞. 建筑环境与能源应用工程专业实验指导书 [M]. 郑州：郑州大学出版社. 2019.

[14] 牛永红，李义科. 建筑环境与能源应用工程实验教程 [M]. 北京：中国水利水电出版社. 2019.

［15］邵宗义，邹声华，郑小兵. 建筑设备施工安装技术［M］. 北京：机械工业出版社. 2019.

［16］王公儒. 智能家居系统工程实用技术［M］. 北京：中国铁道出版社. 2019.

［17］徐鉴. 力学与工程新时代工程技术发展与力学前沿研究［M］. 上海：上海科学技术出版社. 2019

［18］孙宏斌. 能源互联导论［M］. 北京：科学出版社. 2019.

［19］宋义仲. 绿色施工技术指南与工程应用［M］. 成都：四川大学出版社. 2019.

［20］丁勇. 公共建筑节能改造技术与应用［M］. 北京：科学出版社. 2019.

［21］李亚峰，唐婧，余海静. 建筑消防工程［M］. 2 版. 北京：机械工业出版社. 2019.

［22］马志溪，秦运雯，陈汝鹏，等. 建筑电气及智能化工程设计［M］. 北京：化学工业出版社. 2019.

［23］王智伟. 建筑设备安装工程经济与管理［M］. 北京：中国建筑工业出版社. 2019.

［24］张昌. 热泵技术与应用［M］. 北京：机械工业出版社. 2019.

［25］王新武，孙犁，李凤霞，等. 建筑工程概论［M］. 武汉：武汉理工大学出版社. 2019.

［26］瞿丹英. 建筑工程预算［M］. 上海：上海交通大学出版社. 2019.

［27］肖凯成，郭晓东，杨波，等. 建筑工程项目管理［M］. 北京：北京理工大学出版社. 2019.

［28］覃辉，马超，朱茂栋. 建筑工程测量 MSMT 版［M］. 重庆：重庆大学出版社. 2019.